聰明
過日子之

Easy Life

心不慌　手不抖

家事 一本 就 上手

聰明過日子之 Easy Life

心不慌 手不抖

家事一本就上手

CHAPTER 1

時尚家庭生活智典
打造溫馨的家

第一篇

居家生活──打造「溫馨」全靠你

第二篇

室內環保，讓你在天然活氧中生活

第三篇

清潔尖兵，讓你的生活無污染

聰明
過日子之
Easy Life

心不慌　手不抖
家事一本就上手

CHAPTER 2
✎ 小廚房中的大智慧
吃出健康，品出美味

第一篇
健康飲食，擁有健康早一步

第二篇

科學選購、貯藏，食品安全把好關

第三篇

正確加工、烹飪，留住營養我在行

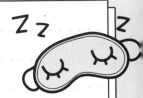

第四篇

魔法廚房，快樂健康與你同行

聰明
過日子之
一本
Easy Life

心不慌 手不抖
家事就上手

CHAPTER 3

✏打造真正安全的港灣

不要讓生命受到威脅

第一篇

用好家電，追求健康新享受

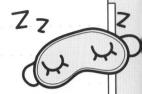

第二篇

應對危機，別讓生命輕易流逝

CHAPTER 4

休閒娛樂金點子
養花、寵物or旅遊

第一篇

栽花種草，讓心靈與環境共同美化

第二篇

寵物乖乖，讓我們寵愛一生

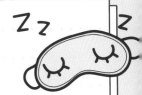

第三篇

出門旅遊，讓自己回歸自然

CHAPTER 5

管好你家的錢

做自己的家庭理財師

第一篇

管理金錢，財富贏家第一步

第二篇

儲蓄投資，我們如何來選擇

聰明
過日子之
Easy Life

心不慌　手不抖

家事就一本上手

CHAPTER 1

時尚家庭生活智典

打造溫馨的家

聰明
過日子之
Easy Life

心不慌　手不抖

家事一本就上手

第一篇
居家生活——打造「溫馨」全靠你

 讓居室寬敞明亮

　　居室寬敞明亮，能使人情緒高漲，生活更愉快，那麼如何讓居室明亮寬敞呢？採用下面的方法會讓你如願以償：

1. 利用配色增加寬闊明亮感

　　可以以白色為主要的裝飾色，牆、天花板、傢俱都用白色，甚至窗簾也選用與牆一樣的白色，稍加淡色的花紋。生活用品也選用淺色，最大極限地發揮淺色產生寬闊明亮感的效果。再適當用些鮮明的綠色、黃色，可使效果更好。

2. 利用鏡子產生寬闊明亮感

　　將鏡型屏風作為房間的隔間，從兩個方向反射，寬闊感和明亮感將大為增強。在室內面對窗戶的牆上，安掛一面大小合適的鏡子，一經反射，室內分外明亮，寬闊感大增。

3. 在傢俱上動腦筋

　　選用組合傢俱既節省空間又可儲放大量物品。傢俱的顏色可以採用壁面的色彩，使房間空間有開闊感。選用具有多元用途的傢

俱，或折疊式傢俱，或低矮的傢俱，或適當縮小整個房間傢俱的比例，都會產生擴大空間的感覺。

4. 室內布局的統一可產生寬闊明亮感

用櫥櫃將雜亂的物件收藏起來，裝飾色彩有主有次，統一感明顯，就會使房間看起來寬闊明亮得多。

5. 增大活動空間

客廳內擺放現成的傢俱會產生一些死角，並破壞整體的協調。解決這種矛盾的做法，是根據客廳的具體情況設計出合適的傢俱，靠牆的展示櫃及電視櫃量身訂做節省空間，這樣在視覺上保持了清爽的感覺，自然顯得寬闊。

✓ 家庭生活一點通

為使低矮的空間有高空感，線條必須表現出空間感，無論用哪種方法裝飾牆面，牆面上要儘量表現出直線條來，直線條可使低矮的空間在視覺上增高。

心不慌　手不抖

家事一本就上手

　　居室空間少不了角落，在某種情況下，如果留心一點，在牆角處放上一個適當的擺設，或許會給空間添上幾分美感，它既有裝飾觀賞性，又較實用，比起原來的空白，絕對能達到豐富空間的美感效果。

　　1.在角落處設置一個金屬架，造型宜簡潔大方，架上可擺一盆鮮花或一尊雕像。金屬架的選材以木質配少量金屬為佳，也可以直接到傢俱店購買造型美觀的金屬架。

　　2.在角落上方掛一個兩邊緊貼牆體的花籃，內置色彩豔麗、氣味芬芳的乾燥花或絹花。

　　3.角落的上下兩頭設角櫃。下角櫃高度在0.6公尺左右，上角櫃高度在0.4公尺左右。中間部分設置90度扇形玻璃隔層板，間距任意選定，層板上擱置工藝品；或者在上下角櫃間拉鐵絲(刷黑漆)做造型。甚至可將下角櫃做成花池，種些造型獨特的植物。

　　4.在經過處理的角落上方加盞投射燈，會更富有生機。

　✓ 家庭生活一點通

　　居室的角落切莫放一些雜亂的東西，否則不但使房間顯得亂、不雅觀，而且容易滋生細菌，影響人體健康。

讓燈光照亮你的心情

在居室內，有了燈光，家才有了溫暖的感覺、豐富的表情。合理布置燈具，才能在家中完美地發揮燈光的靈性，盡顯燈光的魅力。

1. 根據居室功能選擇燈具

客廳需要有一種友好親切的氣氛，產生這一效果的有效辦法是選用傳統的吸頂燈或多頭吊燈。這些燈的光擴散均勻，光線稍弱、柔和悅目。臥室、書房是自我放鬆的地方，需要的是可以調節亮度的燈光，檯燈為理所當然的選擇，燈罩多為不透光或半透光，以使光亮集中。另外，應儘量使用白熾燈泡，否則對人的眼睛會有不利的影響。

餐廳燈光十分重要。一個柔和明亮，既不過分刺眼，又不致昏暗的光環境，不僅給人帶來好胃口，也帶來好心情。餐廳裡，最重要的光源顯然應在餐桌上方，應根據餐桌的形狀和尺寸來選擇燈具，如在大圓餐桌的上方裝一圈隱蔽式下射燈作輔助光源或在長餐桌上並列裝兩支長線吊燈，都會使餐廳的氛圍更加溫馨。

2. 充分運用燈具的裝飾效果

燈光從其效果上來分，有環境照明、裝飾照明之分。環境照明作為基礎光十分重要，一般固定地布置在空間四周，它是一種向四

面八方均勻照射的光源。環境照明最好是中性色，或者色澤非常淡，這樣的光源對物體自然原色的呈現程度較好，讓長時間停留在其中的人眼睛舒適、情緒穩定。

裝飾照明的欣賞價值遠大於它的實用價值，所以決定選用哪種方式之前，要先想好它是否與家中的其他裝置和諧，燈光的顏色是否衝突，大小是否協調，風格是否恰當。

✓ 家庭生活一點通

在房間內若燈光不足可增加輔助燈，但也不能過多，否則既浪費又顯得雜亂無章。一般燈飾占房間總面積的2%～3%即可。

 窗簾不再與世隔絕

窗簾是居家必不可少的物品之一，它不僅僅是個用來遮陽蔽日或保護穩私的「擺設」，還可以美化家居，提高生活的品味。如何挑選符合自己個性需要，又和整體室內裝修風格相和諧的窗簾呢？

時尚家庭生活智典

打造溫馨的家

1. 色彩選擇

窗簾的色彩，要和整個房間的色彩相協調。一般窗簾的色彩都應比牆面深一些。如淡黃色的牆面，窗簾可選用淺棕色或黃色。

窗簾色彩的選擇需要考慮房間的大小、用途。寬敞的居室中可以選用深色窗簾，有助於減輕寂寞空曠感；狹窄的居室則宜用淺色的窗簾，有利於擴大空間感。客廳的窗簾一般選用深一點的暖灰色，既莊重大方又易於創造出溫暖、柔和親切的氣氛。臥室窗簾整體來講應素雅、靜謐。

在選擇窗簾的顏色時還要注意季節的變化。一般來說，夏天宜用冷色系窗簾，如白、藍、綠等，使人感覺清淨涼爽；冬天則換用棕、黃、紅等暖色調的窗簾，看上去比較溫暖親切。

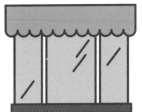

2. 圖案選擇

窗簾的圖案同樣對室內氣氛有很大的影響，清新明快的田園風光使人心曠神怡，有返璞歸真的感覺；顏色豔麗的單純幾何圖案可以給人安定、平緩、和諧的感覺，比較適用於現代感較強、牆面潔淨的起居室中。

3. 材質選擇

若為防日光照射，應選用人造纖維或混紡纖維，它們較易洗滌且耐用，有較強的遮陽性。如想營造出飄逸、清爽的感覺，則需選擇輕柔的布質，但其遮光性較差，這一款對於喜歡浪漫氣氛的人來

說是很適宜的。

　　窗簾的保養在平時就要注意經常用吸塵器吸塵，以免積灰塵。每過半年就應拿下清洗，清洗時絕不能用漂白劑，儘量不要脫水和烘乾，要自然風乾，以免破壞窗簾本身的質感。有錢的話，最好送去乾洗店洗，可避免變形走樣。

✎ 牆上一幅畫，房間一扇窗

　　掛一幅畫，不僅可以美化環境，開闊有限的室內空間，還能陶冶人的藝術情操。那麼，如何掛畫才算是真正有效地「開窗」？

1. 藝術性

　　掛畫主在取其藝術性之潛移默化，進而對人們產生性情、美感等的陶冶，絕非只是裝飾之用。提供一個單純獨立的空間掛畫，並兼顧掛畫與實際生活的契合，讓藝術徹底生活化。

2. 視覺性

掛畫高度對觀賞效果有很大影響。人的正常視線範圍是在上下約六十度的圓錐體之內。所以，最適合掛畫的高度是離地1.5～2公尺的牆面為宜。

3. 空間性

掛畫宜權衡保留牆面「空白」美感，切忌一股腦兒地掛滿牆面。掛畫時，應注意畫框的線條與空間之間線條的延伸、呼應與互補，才不致使畫面突兀。

依據以上的幾點原則，加上你平日接觸各類藝術的美學修養，相信牆上的一幅畫一定會像房間的一扇窗，而透過這扇窗你可以看到美麗的風景。

✓ 家庭生活一點通

一般來說，房間較小的，宜配置低明度冷色的畫，以給人深遠的感覺；面積較大的房間，宜選擇高明度暖色的畫，以使人感到近在咫尺。

靠墊，傳遞居家綿情風韻

靠墊是實用性裝飾品。在居室內放上幾個別致的靠墊，既有充分的實用價值，又有較佳的裝飾效果和藝術品味，更能營造出溫馨休閒的居家氛圍。

靠墊大多採用較結實耐用的紡織品製成膽袋，裝入如棉花、海綿、中空棉、蘆花等鬆軟物，然後將膽袋縫好，裝入外套裡即成。靠墊外套的面料，可選擇絲絨布、錦緞、棉、麻等紡織品，也可用多種不同顏色、圖案的布料拼成彩色圖案，亦可在本色面料上繡上不同的圖案，更可採用工藝提花、印花、噴繪、刺繡和蠟染等工藝製作，還可在靠墊上加上自己所喜愛的飾物，如絲帶、花邊、圖案等。

將靠墊放在沙發、凳椅等坐椅上，不僅可調節坐椅的高度、斜度，可增加柔軟度，使人感到舒服，同時還能使衣褲與沙發邊框減少摩擦。靠墊放在床上可當枕頭，墊在地上可當坐墊，隨時能為你消除疲勞。

靠墊除上述實用性外，其主要作用還在於點綴室內環境，活躍居室色彩氣氛。如一間平淡、缺乏生氣的房間，只要在室內擺放幾個五顏六色的靠墊，氣氛便立刻活躍起來。因此，選擇沙發靠墊時，應根據整個室內的佈置情況來決定它的色彩、形狀和圖案。深色圖案的靠墊雍容華貴，適合裝飾豪華的家居；色彩對比鮮明的靠

墊，適合現代風格的房間；暖色調的靠墊適合老人使用，冷色調的多為年輕人採用，卡通圖案的靠墊則深受兒童的喜愛。

✓ 家庭生活一點通

　　靠墊的外套要經常清洗，平均6～8天洗一次最佳。另外，靠墊要經常在陽光下晾曬，至少要經過1小時的陽光曝曬才能達到消毒的效果。

地毯，為家穿上「俏衣裳」

　　如今，家居生活越來越注重個性化，地毯是時尚家居常見的擺設，也是主人展示自我風格的重要元素。

　　地毯好比家居的一件衣裳，要穿出自我風格並不是一件容易的事情。主人對地毯色彩款式的要求往往與年齡、性格、脾氣、愛好，乃至職業等有密切相關。相對而言，性格外向、熱情奔放的人，比較喜歡色彩對比強烈的圖案；浪漫的年輕人則青睞現代的抽象圖案；而事業有成的中老年者又偏愛色彩沉穩的傳統圖案。

　　地毯的顏色和款式的合宜搭配，可以襯托居室空間的環境氣

氛。一般來說，深色是凝重與深邃的表現，能激發起一種距離感和空間感；淺色是寧靜安逸的表現，能讓人心情更加放鬆。冷色調營造的是冷峻明智的氛圍；暖色調則顯得親切溫馨，而大塊面積的抽象圖案可以帶出生動的活潑感。

根據自己的喜好和房間的協調性，選擇一款適合自己的地毯，相信它在為你的家帶來溫馨的同時，也一定能給你帶來一份好心情。

✓ 家庭生活一點通

地毯用久了顏色就不再鮮豔，要使舊地毯變得鮮豔起來，可在前一天晚上將食鹽撒在地毯上，第二天早上用乾淨的溫抹布把鹽擦去，地毯就會恢復鮮豔的顏色了。

 ## 讓花瓶啟動居室氛圍

單調的居室看起來沒有生氣，這時可以選幾個精緻小巧的花瓶來啟動室內的氛圍，讓我們的家更溫馨。在用花瓶裝飾我們的家時

時尚家庭生活智典

打造溫馨的家 ⟶

要注意以下兩點：

1. 大小

用花瓶來裝點居室，應根據房間的風格和傢俱的形狀、大小來選擇。如廳室較狹窄，就不宜選體積過大的花瓶，以免產生擁擠、壓抑的感覺。

2. 色彩

花瓶的色彩既要協調，又要有對比。應根據房間內牆壁、天花板吊燈、地板以及傢俱和其他擺設物的色彩來選定。如房間色調偏冷，可考慮暖色調的花瓶，以加強房間內熱烈而活潑的氣氛。反之，則可放置冷色調的花瓶，這樣讓人有寧靜安詳的感覺。

✓ 家庭生活一點通

書房是閱讀的地方，應選擇色彩淡雅的花瓶。臥室是休息的地方，應選擇讓人感覺質地溫馨的花瓶，如陶質花瓶。客廳是親朋好友聚會的地方，可以選擇一些色彩鮮豔的花瓶。

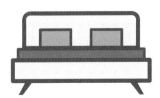

第二篇
室內環保，讓你在天然活氧中生活

 把房間打造成綠色活氧

　　打造一間綠化室，裡面除了各種綠色植物或一張用於休閒的躺椅之外，什麼也不用放。把房間打造成一個綠色活氧之地，讓屋外的風沙和秋日的涼風與自己無關。

　　將綠色植物和室內的其他裝飾品交錯地擺放在一起，有個原則要注意——花器的選擇要與周圍的環境相協調。一般來說，房間內的綠色植物最好比較小型，如果要製造豐富的層次感，可以透過擺放綠色植物的數量來實現。

　　臥室的邊桌是擺設和展示物品的地方，這裡以小的綠色飾品裝點一下即可，花瓶和茶杯、香蠟也可以是綠意的傳播者。在裝飾畫、餐桌的共同作用下，綠色成了最鮮明的主題色。

　　1.地上擺幾盆綠色植物，也能增加幾分生活氣息。不過，防水工作要做好。

　　2.家中高處的空間可用諸多綠色元素點綴。在陽臺上擺放幾盆花草，一方面可阻擋一些屋外的風沙，一方面也改善了室內空氣。

3.廚房裡也可以有綠色。用花瓶插上綠色植物和綠色小飾品點綴其間,會營造出一種清新搶眼的自然感覺。

✓ 家庭生活一點通

室內植物配飾要選擇最佳視線位置,即從任何角度看上去都順眼。一般最佳視覺效果是在離地面2.1～2.3公尺的位置,同時要講究植物的排列、組合和「前低後高」,前葉小色淡,後葉大濃綠,為房間增加涼意;在角落採用密集式布置,產生叢林的氣氛。

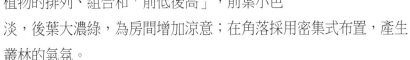
讓家洋溢著淡淡的香味

家裡飄著淡淡的香氣,能夠讓人心曠神怡,倍感家的溫馨。我們可以透過以下幾種方法讓家洋溢著香味:

1.將香水噴灑在檯燈、吊燈、壁燈上,利用燈泡的熱量將香味擴散到整個房間。

2.把有香氣的乾樹葉用布袋盛起來吊在床邊。

心不慌　手不抖

家事一本就上手

3.將各種花瓣晒乾後混合放在一個小瓶中，放在起居室或餐廳，就能使滿室飄香，或將其置於袋中，放在衣櫃裡，能把櫃內的衣物薰上一股淡淡的幽香。

4.用吸墨紙在香水裡浸泡後，取出塞進抽屜、櫃子、床褥等角落，香味可保留較長時間。

5.在放衣物的箱子裡放些咖哩粉、桂皮、丁香之類的香料包，也能達到香氣襲人的效果。

6.把荷蘭芹或薄荷放在籃子裡，放置在適當的地方，就能獲得置身鄉野般的甜美感覺。

✓ **家庭生活一點通**

將烘熱後的小蘇打水灑在飼養貓、狗的地方，可以除去室內因飼養寵物而帶來的特有異味。

✏️ 室溫18℃～22℃最不容易感冒

嚴冬季節，室內溫度到底多高合適？根據人體的生理狀況和對外界的反應，18℃～22℃最為適宜。如果室溫過高，室內空氣就會

變得乾燥，人們的鼻腔和咽喉容易乾燥、充血、疼痛，有時還會流鼻血。如果室內外溫差過大，人在驟冷驟熱的環境下，容易傷風感冒。對於老人和患高血壓的人而言，室內外溫差更不能過大。因為室內溫度過高，人體血管舒張，這時要是突然到了室外，血管猛然收縮，會使老人和高血壓病人的大腦血液循環發生障礙，極易誘發中風。

此外，室內溫度過高，傢俱、石材及室內裝飾物中有毒氣體釋放量也會隨之增加，而冬季大多數房間都門窗緊閉，有害物質更容易在室內聚積，影響人體健康。

另一方面，如果室溫過低，人久留其中自然容易受涼感冒。而且由於寒冷對身體的刺激，交感神經系統興奮性增高，體內兒茶酚胺分泌增多，會使人的肢體血管收縮，心率加快，心臟工作負荷增大，耗氧量增多，嚴重時心肌就會缺血缺氧，引起心絞痛。

✓ 家庭生活一點通

在又濕又熱的氣候中，務必要保持室內通風。不過，由於戶外風力較小，不利於有害物質的擴散，最好採用強制排風設備，如換氣扇、抽油煙機等；開啟空調的除濕功能可以降低室內相對濕度，對減少汙染有一定作用；在夜間或戶外溫度較低時，可以開窗通風；進入房間和車內打開空調後，不要急於關閉門窗，最好過15分

鐘以後再關，這樣有利於降低室內有害物質的濃度，減少其對健康的危害。

清晨開窗等於引毒進屋

很多人習慣於早晚開窗通風，其實，在這個時間開窗會適得其反。專家說，清晨不宜開窗的原因是，天沒亮之前，空氣中的氧氣並不多，因為晚上樹木產生的二氧化碳排放在空氣中，只有經太陽的光合作用後才能成為氧氣。其次，清晨是空氣汙染的高峰期，此時空氣中的有害氣體聚集在離地面較近的大氣層，當太陽升起、溫度升高後有害氣體才會慢慢散去。

天黑前後，隨著氣溫的降低，灰塵及各種有害氣體又開始向地面沉積，也不適宜開窗換氣。開窗換氣的最佳時間是上午9～10點鐘和下午3～4點鐘。因為這兩段時間內氣溫升高，逆流層現象已消失，沉積在大氣底層的有害氣體已散去。

✓ 家庭生活一點通

在打掃室內衛生時，為防止灰塵滿室飛揚，應採用濕性打掃；在有空調的房間裡要經常擦洗空調器的濾網，防止沾染病菌，同時要注意定期開窗通風。

花盆積水，易生蚊子

天氣轉熱後，很多人會發現家裡的蚊子越來越多。而蚊子是造成登革熱等疾病傳播的主要途徑，因此，儘量減少家裡的蚊子、避免蚊子滋生，可以達到預防疾病的目的。

蚊子最容易滋生的地方大致可以分為兩種。一種是人造容器，例如盛水的花瓶和花盆托盤，廢棄的輪胎、鐵罐等。尤其對於住平房的人來說，放在院子裡的容器，很可能因為盛有下雨時的積水而成為蚊子繁衍的重要場所。另一種是天然環境，例如竹枝殘葉和其他樹木的樹枝中。因此，住所附近有樹木，尤其是種了竹子的人家要特別小心，注意門窗的密閉，防止蚊子乘虛而入。

要減少蚊子的滋生，首先，花瓶內的水要勤換，最好每天換一次，不要讓它長期處於潮濕的環境下。其次，澆花時要把留在花盆下拖盤裡多餘的水及時倒掉並擦乾。再來是放在露天的貯水容器

要用蓋子蓋緊；廢棄的飲料罐最容易積水，用完後要及時扔掉。另外，蚊子由幼卵變為成蟲，大概需要7天的時間，所以應該每7天檢查一次家裡容易滋生蚊子的地方，儘量在幼卵變為成蟲之前將牠們消滅。

✓ 家庭生活一點通

在房間內放幾個剝開的大蒜頭，蒜頭產生的強烈刺激性氣體會令蚊子不敢靠近。另外，萬金油、薄荷油也有驅除蚊子的功效。

✎ 水養植物，淨化空氣的好幫手

居室內擺放鬱鬱蔥蔥的花草，不僅是良好的裝飾品，還對改善局部環境的溫度、濕度、空氣品質有一定的作用。但花盆中的土經常會發出難聞的氣味，尤其在施花肥之後，還會滋生小蟲子。其實，在房間內養一些水養植物(只要將莖泡在水中就可以長得很好的植物)效果更好。

水養植物有下面幾個優點：第一，由於水分可以自由蒸發，在同樣的環境中，比盆栽植物在調節空氣濕度方面具有更明顯的作

用；第二，水養植物可省略掉盆土的管理工作，清潔衛生，養護簡單；第三，如選擇一些根部可以暴露在光下的植物，配上適宜的容器，植物全株都可以觀賞，具有更高的觀賞價值。

有幾種水養植物是淨化空氣的好手，例如吊蘭、文竹、風信子、花葉萬年青、千年木、非洲菊等。

✓ 家庭生活一點通

在栽植水養植物時應避免葉子浸入水中，以免造成腐爛；發現水少時添些水，以防根部乾燥。三天換一次水，施一次營養液，營養液的配比和分量視植物大小而定。

防輻射，就得請仙人球

現代人已越來越離不開電腦，但其發出的電磁波對人體會有一些潛在的危害，長時間接觸電腦，可能會造成荷爾蒙失調、鈣離子流失、高血壓、心臟病等，甚至還會造成電磁波過敏症。而仙人球和仙人掌生長在日照很強的地方，吸收輻射的能力特別強，能夠幫助人們減輕一部分輻射的危害。因此，在電腦旁擺上一、兩盆仙人掌或仙人球，不僅能使心情愉悅，還有利於身體健康。

✓ 家庭生活一點通

電腦族為了防輻射，還要注意膳食、營養結構。以下是專家提出的飲食建議：

1.多吃高蛋白的食物，如瘦豬肉、牛肉、羊肉、魚及豆製品。

2.多吃含維生素高的食物，如韭菜、菠菜、青蒜、金針菇、番茄、黃瓜及水果等。

3.多吃含磷脂高的食物，如蛋黃、蝦、核桃、花生、銀魚等。

消毒，通風比熏醋好

感冒了，有人習慣在房間裡熏醋；還有的人平時也熏醋來預防感冒，傳言能殺滅房間裡的病菌。可是，食用醋對消毒、殺菌並沒有任何效果，用熏醋的辦法預防感冒是不對的。

專家早就做過實驗證明，醋對消毒、殺菌沒有任何效果，更不能殺死病毒。對於家庭而言，預防感冒以及消毒最好的辦法就是通風，而不要盲目熏醋。熏醋的醋酸味對呼吸道黏膜有刺激作用，尤其會導致氣管炎、肺氣腫、哮喘等病人的病情發作或病情加重。熏

醋如果濃度過高、時間過長，不但會引起呼吸困難和噁心等症狀，還會對皮膚造成傷害。

很多人之所以認為醋有消毒、殺菌的作用，可能是覺得醋裡的醋酸能有作用。專家稱，醋酸達到一定濃度時確實有消毒、殺菌作用，但效果並不是很好，即使濃度很高，也不推薦使用。而食用醋所含的醋酸濃度很低，遠遠達不到能消毒的程度。

✓ 家庭生活一點通

如果一定要對房間進行消毒，最安全的辦法是請專業消毒人員，根據房間的大小，配比濃度相應的藥液進行噴灑或薰蒸。

盛夏時節，室內溫度高。為了解暑，有些人便在室內地板上潑水，以此達到降低室溫、提高室內空氣清潔度的目的。其實，用這種方法降溫效果並不理想。

一般來說，水氣的蒸發可帶走一些熱量，進而達到降低室溫的作用。但室內水氣的散發，有賴於空氣的流通，而在室外溫度高、

風力小的情況下，室內空氣流通較為困難，常常處於相對靜止的狀態。此時，在室內潑水，水氣難於向外散發而滯留在空氣中，使室內濕度不斷增大。室溫高加上空氣濕度大，就會使人感到比平時更加悶熱難耐。同時，由於溫度高，水分蒸發快，室內的細菌和塵埃能隨著水氣進入空氣中，造成空氣比潑水前更混濁。因此，夏天不宜在室內潑水降溫。

✔ 家庭生活一點通

　　室內可利用風扇和水蒸發降溫，例如在室內用濕拖布擦地後開啟吊扇使地面水分蒸發，吸熱；也可在風扇前置一盆涼水，開啟風扇，使水分蒸發，這樣均可達到降低室溫的作用。

把魚缸請出臥室

　　在居室裡養一缸魚，近幾年成了都市人工作之餘，怡情養性的好選擇。五顏六色的魚兒在水中嬉戲，不僅使人靜心，魚缸蒸發的水氣還能調節室內空氣的乾濕度。然而，專家警告，魚缸如果選擇、擺放不當，不但養不好魚，還會對居室環境產生汙染，進而影

響人體健康。現在很多人青睞用水族箱養魚，但需要注意的是，最好不要在臥室內養魚。因為，水族箱的體積不同於一般魚缸，散發的水氣很多，會使室內的濕度增加，容易滋生黴菌，導致生物性汙染；水族箱的氣泵還會產生噪音，影響人的睡眠。家庭養魚對水質的要求也很高，尤其要注意魚的放養密度和食物投放量，並及時清理其排泄物，否則魚缸這個天然「加濕器」很可能會成為疾病的溫床。例如，魚尿裡含有氨氮成分，人聞久了會影響身體健康。

✔ 家庭生活一點通

清除菸味可以點燃幾支蠟燭，也可用毛巾淋上稀釋的醋，在室內揮舞幾下，煙霧和菸味會很快消失。

✎ 多開窗戶，少依靠空調

封閉的空間很適合致病性微生物的生長和繁殖，特別是若不定期或從未清洗空調機的濾網。當開啟空調時，濾網上的病菌和灰塵就會被吹出來，附在人體皮膚上或被吸入後沉積在呼吸道中。

建議你少使用空調，保持房屋的良好通風，這樣可以省掉不少

心不慌　手不抖

家事一本就上手

空調耗電，尤其是每天至少通風20分鐘。實驗顯示，室內每換氣一次，可除去空氣中原有毒氣體的60%。至少1～2星期應清洗一次空調濾網，在夏季使用前或秋季使用後對空調要進行一次清洗保養。

✓ 家庭生活一點通

　　空調溫度不要調得太低（室溫宜恆定在26℃～28℃左右），避免室內外溫差過大（室內外溫差不可超過7℃）。

第三篇

清潔尖兵，讓你的生活無汙染

 洗滌劑過量也有害

　　有的人為了把蔬菜瓜果以及衣服洗得更乾淨，就毫不吝嗇地放很多洗滌劑，認為放得越多，洗得越乾淨，其實這是一種誤解。洗滌用品使用過多不但不能增強清潔效果，還很容易造成殘留，有損健康。

　　洗滌劑放得太多，會使部分化學物質殘留在衣物、餐具甚至食物上。而合成洗滌劑常用的表面活性劑——烷基苯磺酸鈉，對皮膚有刺激作用，會造成皮膚粗糙、脫皮。另外，這類物質經皮膚吸收後，還可能使血液中鈣離子濃度下降，使血液酸化，長期累積則易引起貧血，容易使人感到疲倦，還會引發皮炎、濕疹和哮喘等各種疾病。

　　洗滌劑的濃度為0.1%～0.3%最合適，比如，在5公斤水中加入5～15克洗衣粉；使用餐具、瓜果洗滌劑時，一盆水裡放數滴即可，而且用後要徹底清洗，這樣不但減少殘留，也減少了對皮膚的傷害。需要注意的是，儘量不要把洗滌用品直接塗抹或噴灑在物品

上，這樣會造成局部用量過大，容易在衣物上留下痕跡，或在果蔬、餐具上殘留，以致很難清洗乾淨。

✓ 家庭生活一點通

　　洗滌劑不是越稠越好，最重要的挑選標準是「產品品質是否合格」。一般來說，有牌子的產品在工藝設計上比較成熟，品質有保證，所以買洗滌劑要購買正規廠家的產品。

洗手不少於20秒

　　辦公室的工作環境也存在很多細菌。電話、電腦鍵盤、滑鼠、咖啡機、電梯按鈕上的病菌也不少，流感病毒、葡萄球菌、大腸桿菌等都是最常見的病菌。

　　人體與環境接觸得最多的部位是手，而手也是最容易感染病菌的部位。如果不注意洗手，在摸嘴、鼻子、眼睛或吃東西時就會把病菌帶入體內。

　　人們對付細菌的第一道防線就是洗手。據調查，很多人在上完廁所後洗手，往往隨便沖沖敷衍了事。而正確的步驟是抹上肥皂後

充分搓洗，將指縫、指節和指甲縫仔細洗淨，時間不應少於20秒。除了正確洗手以外，還應經常清潔工作區域、電話、辦公桌、電腦鍵盤和滑鼠。

✓ 家庭生活一點通

洗手要注意以下幾點：

1.避免頻繁洗手，在清洗衣物時，不要讓雙手長時間浸泡在水中。

2.洗手時水溫不應過熱，否則會破壞手部表面的皮脂膜。最佳水溫在20℃～25℃之間。

3.洗完手後，用乾淨、柔軟的毛巾擦乾，並塗抹具有保濕功能的護手霜。

✐ 半個月晒一次枕芯才健康

夏季，人們有經常換洗枕巾、枕套的習慣，但往往不注意枕芯的清潔。其實，夏季氣候濕熱，人體出汗又多，枕頭更容易因受潮而滋生黴菌，若不經常晾晒，會危害人的健康。

人在睡覺時，汗漬、油漬等頭皮分泌物浸染枕芯，潮濕的枕芯就成為各類微生物繁衍的溫床。蟎蟲、細菌、塵埃還會使人患上呼吸道疾病、消化道疾病、皮膚病等。有些枕頭外表乾乾淨淨，枕上去卻隱隱傳來難聞的氣味，這就是沒有經常晾晒枕芯的緣故。那麼，怎樣才能保持枕芯的清潔呢？

1. 晒：微生物在乾燥的環境中不易繁殖，陽光也可殺死絕大部分微生物，最好是半個月晒一次枕芯。

2. 洗：用合成纖維或羽絨填充的枕芯以進行洗滌以去除髒物。

3. 換：蕎麥皮、燈芯草等為芯的枕頭就不適合洗滌了，最好定期更換。

家庭生活一點通

倘若患有呼吸道、消化道或皮膚傳染病者以及長有疥瘡的人，還會將細菌、病毒或寄生蟲帶入枕芯，可能導致家庭成員之間交叉感染。這樣的家庭更要注意枕芯的保養，一定要半個月曝晒一次。

洋蔥讓玻璃製品煥然一新

容易沾染油汙的櫥櫃玻璃，要勤清理，一旦發現有油漬時可用洋蔥的切片來擦拭，這樣模糊不清的玻璃就可以煥然一新了。

　　使用保鮮膜和沾有洗滌劑的濕布也可以讓沾滿油汙的玻璃「重獲新生」，方法是先在玻璃上噴上清潔劑，再貼上保鮮膜，使凝固的油漬軟化，過10分鐘後，撕去保鮮膜，再以濕布擦拭即可。

　　有花紋的毛玻璃一旦髒了，看起來比普通的髒玻璃更令人不舒服。此時用沾有清潔劑的牙刷，順著圖樣打圈擦拭，同時在牙刷的下面放塊抹布，以防止汙水滴落。

　　當玻璃被頑皮的孩子貼上了貼紙時，可先用刀片將貼紙小心刮除，再用去光水擦拭，就可全部去除了。

✓ 家庭生活一點通

　　玻璃製品如果不是由於沾染油汙被弄髒的，可用沾有醋的抹布來擦拭，這樣玻璃製品可以恢復光亮。

　　地板髒了時，如果是水溶性物質留下的一般汙垢，可先拭去浮

塵，然後用細軟抹布淋上淘米水，或者橘皮水擦拭就可除去汙垢。如果是藥水或顏料灑在地板上，必須在汙跡尚未滲入木質表層前加以清除，可用浸有傢俱蠟的軟布擦拭。若地板表面被菸頭燒損，用沾有傢俱蠟的軟布用力擦拭可使其恢復光亮。

　　日常保養時切忌用濕拖把直接擦拭，應使用木質地板專用清潔劑進行清潔，讓地板保持原有的溫潤質感與自然原色，並可預防木地板乾裂。注意，為了避免過多的水分滲透到木質地板裡層，造成發霉、腐爛，使用地板清潔劑時，應儘量將拖把擰乾。

　　如果要避免地板長期踩踏磨損，常保光澤亮麗，地板清潔後，可以再上一層木質地板蠟保養劑。不過要注意，一定要等地板完全風乾後再上蠟，以免蠟層無法完全附著於木質地板上，反而使地板出現白斑。最好使用平面式海綿拖把，以免一般拖把的棉絮殘留在地板上。

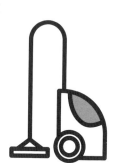

✓ 家庭生活一點通

　　用過期的酸牛奶擦拭地板可使地板光亮如新，具體方法是：先用兩倍於牛奶的水將牛奶稀釋，再把抹布浸濕後擰乾，用力擦拭地板即可。

 讓真皮沙發亮麗如新

時尚家庭生活智典

打造溫馨的家

　　一般來說，皮沙發保養的關鍵在於皮質的呼吸，因此，要經常清理皮沙發，以保持皮表面的毛孔不被灰塵堵塞，而且還要保持室內通風，過於乾燥或潮濕都會加速皮革的老化。在平時清理時，一定要使用純棉布或絲綢沾濕後輕輕擦拭，擦淨後可用上光蠟等再噴一遍，以保持其光潔。

　　清洗時，切忌用鹼性清洗液，因為沙發製皮時是酸性處理，鹼性液會使皮革柔軟性下降，長期使用會發生皺裂。如果小孩將原子筆等畫在皮沙發上，也不必著急，只要即時用橡皮擦輕輕擦拭便可去除。而當沙發一旦沾到汽水飲料等髒汙，應立即處理，防止水和糖分滲入毛細孔內，此時應以皮革專用的清潔劑，沾海綿以打圈圈的方式向中心集中，最後用軟布擦乾即可。

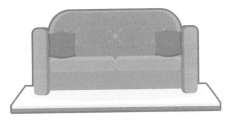

✓ 家庭生活一點通

　　時間久了，家裡的皮沙發上總有幾處汙垢特別頑固讓人頭痛。這時，可以取適量蛋清，用棉布沾取，反覆擦拭皮沙發表面較髒的地方。

　　此方法用於皮革製品的清潔特別有效，而且蛋清還有一定的拋光作用，使用之後皮革會呈現出原有的光澤。

床墊半年就應該「翻翻身」

不少人在購買床墊時，都願意選擇名牌床墊，覺得睡了才舒服，但過了幾年後，有些人會感覺越睡越累，往往是一覺醒來腰痠背痛，全身不舒服。一檢查床墊才發現，上面已被睡出了「凹痕」，所以為了保證自己睡個好覺和不影響骨骼的健康，一般都選擇讓床墊「退休」。

其實，如果使用方法得當，完全可以延長床墊的使用壽命。根據彈簧床墊的特點，新床墊在使用的第一年，可以每2～3個月調換一下正反面或擺放方向，使床墊的彈簧受力平均，之後約每半年翻轉一次即可。

另外，為了防止灰塵和皮屑等髒物汙染肌膚，大多數家庭會在床墊上鋪設床單，卻忽略了床墊本身也會藏汙納垢。時間長了，細菌、塵蟎等就會進入床墊底層。最好的辦法是，在換洗床罩和床單的時候，用吸塵器或微濕的抹布，將床墊上殘留的皮屑、毛髮等清理乾淨。如果床墊有汙漬的話，還可用肥皂塗抹髒處，再用布擦乾淨，但一定要想辦法讓床墊很快變乾，這樣床墊才不會發霉、產生異味。

✓ 家庭生活一點通

　　在選擇床墊時，也可以購買帶有外罩的，這種外罩一般都帶有拉鍊，方便拆下來清洗。也可以在床墊和床單之間加一層保潔墊，既防止潮氣進入床墊內，保持其清潔乾燥，又易於清洗。

 被子晒後別拍打

　　晒被子的時間以上午11點到下午2點為佳，不能晒得太久。棉被在陽光下晒3個小時，棉纖維就會達到一定的膨脹程度，如果繼續晒下去，棉纖維就會緊縮、容易脫落；若是合成棉的被子，只要稍晒一下，除去裡層的潮濕就行；對於羽絨或羊毛被，由於高溫會使羽毛及羊毛中的油分起變化，產生腐臭味，所以不需頻繁晾晒，更不可曝晒，在通風處晾晒1小時就行了；以化纖面料為被面的棉被，同樣不宜在陽光下曝晒，以防溫度過高破壞化學纖維，晒被時，可在上面覆蓋一層薄布進行保護。

　　大家都習慣於晒完被子後，用手反覆拍打，以去掉灰塵，使被子蓬鬆。實際上，這樣的做法並不科學。晒好的被子，只要用軟毛的刷子輕輕刷一遍表面，去掉浮塵就可以了。

心不慌 手不抖

家事一本就上手

棉被的纖維粗短易碎，用力拍打會使棉纖維斷裂變成粉塵從棉層跑出來；合成棉被的合成纖維細而長，容易變形，一經拍打，纖維緊縮了就不再復原，會變硬；羽絨被拍打後，羽絨會斷裂成細小的「羽塵」，影響保暖效果。被子經拍打後，表面的粉塵及蟎蟲的排泄物會飛揚起來，易引起過敏反應。

✓ 家庭生活一點通

據測定，人在一夜的睡眠中會排出大量廢氣，尤其在夏天，人體出汗較多，身體和被褥間的相對濕度經常超過60%，濕氣自然會附在被褥上。起床後如果馬上疊被子，這些化學物質和濕氣不易散發出去，導致有害物質和微生物的繁殖，所以每天起床後不妨把被子翻轉過來，平放在床上，過一段時間再折疊。

✎ 洗毛巾加鹽，讓它清潔如新

到了夏天，毛巾就很容易發黏，還會有怪味，不僅用起來不舒服，上面還可能有許多致病微生物，如砂眼衣原體、金黃色葡萄球菌、真菌等，影響人體健康。

毛巾之所以變成這樣，主要是有人喜歡出汗之後用毛巾擦汗，或毛巾久用未洗，加上氣溫高，毛巾易變黏、變硬，並發出怪味。此外，水中游離的鈣、鎂離子與肥皂結合，生成鈣鎂皂黏附在毛巾上，也會使毛巾變硬。

　　為避免毛巾變硬變黏，最好的方法是常用常洗。大多數人都用洗衣粉或肥皂清洗毛巾，但缺點是會使之變硬。用食鹽洗則能簡單有效地解決這個問題，具體做法是：先把毛巾打濕，把食鹽撒在上面搓洗，再用清水洗乾淨，即可去除黏膩，使毛巾清潔如新。

✓ 家庭生活一點通

　　夏季，人們用毛巾擦汗的次數大大增多，所以建議每天洗一次毛巾，這樣不僅有利於去除細菌，而且能使毛巾鬆軟有彈性。

擦傢俱別用肥皂水

　　肥皂水、洗潔精等清潔產品不僅不能有效地去除堆積在傢俱表面的灰塵和打光前的細砂微粒，它們還具有一定腐蝕性，可能會損

傷傢俱表面，讓傢俱的漆面變得暗淡無光。

如果水分滲透到木頭裡，還會導致木材發霉或局部變形，縮短傢俱的使用壽命。現在很多傢俱都是纖維板機器壓製成的，如果有水分滲透進去了，而一旦添加劑揮發之後，濕布的潮氣就會引發傢俱發霉，如果住戶的樓層較低，家裡的傢俱就有可能每年黃梅天都「黴」一場。

這裡還要提醒你，即使有些傢俱表面用的是鋼琴漆塗層，可以用清水適當擦洗，但不要將濕抹布長時間留置在傢俱表面上，以免濕氣滲入木頭裡。

✓ 家庭生活一點通

擦傢俱時最好用棉布等吸水性好的布料。粗布、有線頭的布或有鈕扣等易使傢俱表面刮傷的舊衣服，都應儘量避免使用。

輕鬆除頑漬讓傢俱光潔如新

傢俱上總有一些「頑固」的汙漬讓人頭疼，下面幾個小竅門能

幫你輕鬆去除頑漬，讓傢俱光潔如新。

1.茶几上遺灑的茶水時間久了會很難去除，可以在茶漬上灑些水，用香菸盒裡的錫箔紙擦拭後再用水擦洗，就能把茶漬洗掉。

2.竹器、藤器用久了會積垢變色，用軟布沾鹽水擦洗即可去汙。

3.熱杯盤會在茶几的漆面上留下一圈燙痕，用酒精、花露水或濃茶在燙痕上輕輕擦拭就能去除。

4.如果痕跡沉積時間過長，可以在燙痕上塗一層凡士林油，隔兩天再用抹布擦拭就能抹去汙痕。

✓ 家庭生活一點通

傢俱要避免陽光長期照射，那樣容易使木頭內部水分失去平衡，造成裂痕。另外，室內還要保持良好濕度，理想的濕度在40%左右，若長期使用冷氣，可在旁邊放盆水，這樣可以保養好自己的傢俱。

廚房汙漬巧清除

心不慌　手不抖

聰明
過日子之
Easy Life
家事一本就上手

很多人討厭清理廚房，並為此經常「逃避」在家中用餐。其實不妨試試以下幾種方法，很輕鬆地就可以清除廚房汙漬：

清潔系統廚具時，可以將抹布在啤酒中浸泡一下後取出，輕輕擦拭有汙漬的地方，邊擦拭邊更換擦拭面。

清潔不鏽鋼水槽時，可以將用過的保鮮膜捲起來擦拭，既能擦拭乾淨，又不會留下劃痕。

遇到頑固油漬，可以用吹風機來對付。將吹風機對準油漬吹，當聞到油的味道時再擦就很容易了。把包裝果菜的塑膠網收集起來，洗乾淨，晒乾，捲成圓狀後擦拭水池。如果汙漬頑固，可滴上一點洗滌劑再擦拭。

✓ 家庭生活一點通

儘量不要用堅硬的去汙鋼絲球刷水槽，以免損傷槽面和留下擦痕。另外，可將咖啡渣倒進水槽中，用水將其沖走，可以除去排水管道中的臭氣和油膩。

 廁所除臭就是這麼簡單

有人很愛乾淨，可家裡的廁所即使沖洗得再乾淨，也常會留下一股臭味，這種事讓很多人傷透腦筋。要怎樣替家裡的廁所除異味呢？我們教你三個絕招。

1. 只要在廁所內放置1杯香醋，臭味便會消失：

香醋的有效期約為6~7天，所以每隔一周左右要更換一次香醋。

2. 萬金油除臭：

將一盒萬金油打開蓋子放在廁所角落低處，臭味即可清除。一盒萬金油可用2～3個月。

3. 過磷酸鈣除臭：

經常在廁所撒少許過磷酸鈣，臭味就可去除。此法也適用於去除雞籠中的臭味。

✓ 家庭生活一點通

廁所最好別放垃圾桶。因為垃圾桶有時會積好幾天才倒，這樣會汙染廁所的環境，也給病毒和細菌的繁殖創造有利條件。研究微生物的專家認為，廁所裡放垃圾桶會增加細菌繁殖的幾率，為健康帶來隱患。

 肥皂久存，去汙力降低

環境潮濕會引起肥皂水解，氣候過於乾燥會使肥皂乾裂，在肥皂表面上生成「白霜」，這些都會降低肥皂去汙力和耐用程度。

另外，皂液不宜過濃。肥皂可降低水的表面張力，能讓泡過的衣服很快浸透，並使衣服上的汙垢變成小顆粒脫落，分解在水中並浮在水面上，衣服就乾淨了。

肥皂在水中的最佳濃度是0.2%～0.5%，此時表面活力最強，去汙力最好。高於或低於此濃度，表面活力下降，去汙力就減弱。

✓ 家庭生活一點通

不要用肥皂洗下身，因為肥皂會刺激尿道、陰道黏膜，並引起疼痛，而且會使陰道抵抗細菌侵入的能力降低，使細菌更易進入體內，會引發泌尿道感染、陰道炎等疾病。

及時更換生活小用品

我們平時經常使用的一些生活用品，若是稍不留意，病毒、細

菌就會孳生。要採取措施消滅它,以保護我們自己的健康。

1. 廚房裡的抹布:

每星期更換一次,抹布上含有從生肉、魚、家禽上沾染的病菌 (而且數量每天成倍增加),其中不乏某些致病病毒。

2. 毛巾:

灰塵、汗水很容易把毛巾變成真菌培 養基地,日常除專人專用、手臉分用外, 還應每天清洗消毒,一年四季,一季一 換。

3. 鞋墊:

鞋墊的衛生與否,直接關係人體的健 康。現代人中,一半以上都患有腳癬,大多與鞋墊的品質有著密切 的關係。因此,鞋墊必須每天更換,經常清洗,有腳病的人不可長 期用同一雙鞋墊。

✓ 家庭生活一點通

把毛巾清洗乾淨,折疊好後放在微波爐中,運行5分鐘就可以 達到消毒的目的。

家事一本就上手

家電勤「洗澡」可除塵降輻射

　　電視機、電腦上蒙了灰塵，很多人以為，這只是個衛生問題。事實並不這麼簡單。研究顯示，灰塵是電磁輻射的重要載體。如果你的家電不經常擦拭，那麼，即使它們關掉了，電磁輻射仍會留在灰塵裡，繼續對你全家人的健康造成不良影響。因此，經常擦拭、清除電器上的灰塵可以有效地減少輻射危害，健康全家。

　　實驗證明，電視機連續3天不擦，致癌物在空氣中的含量就會急劇升高。灰塵還會使電子零件、電路板和散熱器經常超負荷工作，最終導致耗電量增加，甚至會燒壞電子零件，引起火災。

　　擦拭顯示器的螢光幕時，應將電源插頭拔下，以保證安全。要用專用的清潔劑和乾淨柔軟的布，或是用棉球沾取磁頭清洗液擦拭。很多人為了貪圖省事，用濕布一擦就算了，這樣表面上看起來乾淨了，但有些手指印、汙漬及縫隙裡的塵垢仍然殘留在上面。最後，一定要用乾布再擦一遍，不要讓電器長時間處在潮濕狀態中。

✓ 家庭生活一點通

　　清潔電腦主機時，首先要先斷電半小時，再打開機箱蓋，用吹風機將裡面累積的灰塵吹乾淨。然後用無水酒精棉球擦洗電路板，用乾布團輕擦內部線路，最後再用吹風機吹乾。

CHAPTER 2

小廚房中的大智慧

吃出健康，品出美味

第一篇

健康飲食，擁有健康早一步

膳食平衡的寶塔

　　有研究發現，人們的疾病發生70％來自飲食，人們的癌症發生50％來自飲食。所以營養均衡、膳食平衡是保證身心健康的物質基礎。

　　平衡膳食寶塔共分五層，包含我們每天應吃的主要食物種類。寶塔各層位置和面積不同，這在一定程度上反應出各類食物在膳食中的地位和應占的比重。

　　第一層：

　　穀類食物，每天應吃300～500克。

　　第二層：

　　蔬菜和水果，每天應吃400～500克和100～200克。

　　第三層：

　　魚、禽、肉、蛋等動物性食物，每天應吃125～200克(魚蝦類50克，畜、禽肉50～100克，蛋類25～50克)。

　　第四層：

奶類和豆類食物，每天應吃奶類及乳製品100克、豆類及豆製品50克。

第五層：

塔尖是油脂類，每天不超過25克。

膳食寶塔中的蔬菜和水果經常放在一起，因為它們有許多共通性。但是蔬菜和水果畢竟是兩類食物，各有優點，不能完全相互替代。尤其是兒童，不可只吃水果不吃蔬菜。

一般說來，紅、綠、黃等顏色較深的蔬菜和深色水果含營養素比較豐富，所以應多選用深色蔬菜和水果。魚、蝦及其他水產品含脂肪很低，正常之下可以多吃一些，這類食物的重量是按購買時的鮮重計算。肉類包含畜肉、禽肉及內臟，重量是按屠宰清洗後的重量來計算。這類食物，尤其是豬肉含脂肪較高，所以不宜吃過多。蛋類含膽固醇相當高，一般每天不超過50克較好。

✓ 家庭生活一點通

國人膳食結構以植物性食物為主，每人每天最好要攝取50克左右的動物內臟，特別是肝臟，以保證維生素A、B和一些無機鹽的供給。

多飲水可防前列腺炎

　　前列腺炎是男人病，患病後尿頻、尿痛，種種不適的症狀不但讓丈夫痛苦不堪，妻子看了也心疼不已。其實，如果妻子在生活中能夠瞭解一些防治的小訣竅，透過日常點點滴滴的小事，無形中就能讓丈夫遠離前列腺炎。

　　生活中，許多男人忙於工作，常常忘記喝水，有時甚至整天不喝水。喝水量的減少必然使尿液濃縮，排尿次數減少，尿液內的有害物質殘留在體內，「尿液返流」進入前列腺，引發炎症。如果每天飲用水能達到2000cc以上，就可以充分清洗尿道，並對前列腺達到保護作用。而且多排尿對腎臟也十分有益，可防止泌尿系統形成結石。

✓ 家庭生活一點通

　　預防前列腺炎，注意不要吃辛辣、刺激的食物，不要抽菸喝酒，不要久坐不立，不要過度性生活和手淫等，多吃蘋果、番茄等食物，多做如慢跑等有氧運動。

小廚房中的大智慧

吃出健康，品出美味 ⟶

吃野菜時尚又抗癌

隨著人們生活水準的提高，吃野菜也成為了時尚之舉。野菜的吃法很多，可清炒，可煮湯，可做餡，營養豐富，物美價廉，不過人們卻不知，其實野菜在抗癌方面也有功效。

蒲公英：

其主要成分為蒲公英素、蒲公英甾醇、蒲公英苦素、果膠、菊糖、膽鹼等。可防治肺癌、胃癌、食道癌及多種腫瘤。

蓴菜：

其主要成分為氨基酸、天門冬素、岩藻糖、阿拉伯糖、果糖等，對某些轉移性腫瘤有抑制作用，可防治胃癌、前列腺癌等多種疾病。

魚腥草：

亦稱折耳根，其主要成分為魚腥草素。透過實驗將魚腥草用於小鼠艾氏腹水癌，有明顯抑制作用，對癌細胞有絲分裂最高抑制率為45.7%，可防治胃癌、賁門癌、肺癌等。

蒟蒻：

其主要成分為甘聚糖、蛋白質、果糖、果膠、蒟蒻澱粉等。甘聚糖能有效地干擾癌細胞的代謝功能，蒟蒻凝膠進入人體腸道後就形成孔徑大小不等的半透明膜附著於腸壁，能阻礙包括致癌物質在內的有害物質的侵襲，進而達到解毒、防治癌腫的作用。可防治甲

狀腺癌、胃賁門癌、結腸癌、淋巴瘤、腮腺癌、鼻咽癌等。

✓ 家庭生活一點通

在挖野菜時，不要選擇在被汙染的河道附近生長的野菜，因為這種野菜很難洗乾淨，吃了會對身體有害。

飲用牛奶要得當

牛奶在食品中是佼佼者。但飲用牛奶也是要講究的，否則營養成分不但得不到充分利用，還會對身體帶來不利的影響。

1. 泡牛奶不宜用開水

泡牛奶不宜用100℃的開水，更不要放在電熱杯中蒸煮，水溫控制在40℃～50℃為宜。牛奶中的蛋白質受到高溫作用，會由溶膠狀態變成凝膠狀態，導致沉積物出現，影響乳品的品質。

2. 避免日光照射牛奶

鮮奶中的維生素B2受到陽光照射會很快被破壞，因此，存放牛奶最好選用有色或不透光的容器，並存放於陰涼處。

3. 不宜空腹喝牛奶

有些人有「乳糖不耐症」，空腹喝牛奶，牛奶中的乳糖不能被及時消化，被腸道內的細菌分解而產生大量的氣體、酸液，刺激腸道收縮，出現腹痛、腹瀉。因此，喝牛奶之前最好吃點東西，或邊吃食物邊喝牛奶，以降低乳糖濃度，利於營養成分的吸收。

4. 不要吃冷凍牛奶

牛奶冷凍後，牛奶中的脂肪、蛋白質分離，味道明顯變淡，營養成分也不易被吸收。

5. 不宜用銅器加熱牛奶

銅會加速對維生素的破壞，尤其是在加熱過程中，銅對牛奶中發生的化學反應具有催化作用，會加快營養素的流失。

6. 牛奶不宜與酸性水果、含酸飲料同時食用

酸性水果及一些飲料中含有較多的果酸及維生素C，當牛奶與其同時食用時，牛奶中的蛋白質遇上果酸及維生素C會凝結成塊，不但會影響消化吸收，還會引起腹脹、腹痛、腹瀉等症狀。因此，喝牛奶時不宜食用酸性水果或含酸飲料，等飲用牛奶一小時後再吃這些食物為宜。

7. 牛奶不宜與糖共煮

牛奶在與糖共煮時，牛奶蛋白質中所含的賴氨酸與糖中的果糖在高溫下會形成一種有毒物質——果糖基賴氨酸，這種物質不但無

法被人體消化吸收，而且還有害健康。如果要喝甜牛奶，最好等牛奶煮開離火後再加糖，而且糖不宜加得過多。

✓ 家庭生活一點通

有些特殊人群不宜喝牛奶，包括缺鐵性貧血患者、返流性食道炎患者、腹部手術後的患者、消化道潰瘍患者、乳糖不耐症者、膽囊炎和胰腺炎患者等。

男人不宜天天喝牛奶

牛奶營養豐富，每天喝牛奶的人越來越多，但有許多研究發現，常喝牛奶的男性易患前列腺癌。

前列腺癌是男性生殖系統常見的惡性腫瘤，美國波士頓一個研究小組對20885例美國男性醫師進行了長達11年的追蹤調查，這些人食用的乳製品主要包括脫脂牛奶、全脂牛奶和乳酪等，其中有1012例男性發生前列腺癌。

統計學分析後發現，與每天從乳製品中攝入150毫克鈣的男性相比，每天攝入600毫克鈣的男性發生前列腺癌的危險上升32%。在

小廚房中的大智慧

吃出健康，品出美味 ⟶

排除了年齡、體重、吸菸、運動鍛鍊等影響因素後發現，每天進食乳製品2.5份以上(每份相當於240毫升牛奶)的男性與進食乳製品0.5份以下的相比，發生前列腺癌的危險上升34%。美國費城的研究人員透過近10年的流行病學調查也證實，多食乳製品會增加男性發生前列腺癌的危險。

所以，為了保護前列腺，男性喝牛奶要適量，別把它當成飲料喝。另外，要特別注意營養均衡，不妨每天多吃點番茄、杏、石榴、西瓜、木瓜和葡萄等水果。

✓ 家庭生活一點通

如果需要加熱牛奶，請注意溫度不要太高，70℃時用3分鐘，60℃時用6分鐘即可。如果煮沸，溫度達到100℃，牛奶中的乳糖就會發生焦化現象，而焦糖可誘發癌症。所以，飲用牛奶不要煮沸。

 適當吃些肥肉有益健康

健康專家經科學研究發現，只要烹調得法，肥肉也是一種長壽

食品。

　　另外，還有研究發現，它也是一種防癌的食品，無論男女老少，適當吃些肥肉對身體均有益處。

　　動物脂肪中含有一種能延長壽命的物質——脂蛋白，這種物質非但不會促進血管硬化，反而可以預防高血壓等血管疾病。缺少這類營養可能導致貧血、癌症與營養不良等疾病。

　　另外，肥肉裡含有豐富的脂肪，脂肪不僅可以幫助人體儲存熱能，還可以保護臟器，構成細胞，補充蛋白質，提供人體必需的脂肪酸。如果身體缺乏脂肪，就會出現體力不足，身體免疫功能下降等不良症狀。

　　因此，平時需要適量進食一些肥肉，保持脂肪在體內的進出平衡，既不可累積過多，也不應入不敷出。只有在攝入過多或人體代謝紊亂時，肥肉才是導致動脈硬化的「危險因素」。

✔ 家庭生活一點通

　　如何才能降低肥肉中的脂肪和膽固醇，而保留其有益健康的營養成分呢？

　　專家建議用植物油將豬肉或牛肉炒熟之後，再淋上熱開水，不但可以除掉肉中8%的脂肪和50%的膽固醇，而味道保持不變。

小廚房中的大智慧

吃出健康，品出美味

蔬菜吃得新鮮反而不好

　　人們大都喜歡把鮮嫩油綠的蔬菜買回來後趁著新鮮烹調食用，認為這樣做的菜對人體健康有益。但其實，食用太過新鮮的蔬菜，也會招來麻煩。

　　現在在農作物的種植生產中，均大量使用化肥和其他有機肥料，特別是為了防治病蟲害，經常使用各種農藥，有時甚至在採摘的前一、兩天還往蔬菜上噴灑農藥⋯⋯而這些肥料和農藥往往是對人體有害的。

　　另外，新鮮並不一定意味著更有營養。科學家研究發現，大多數蔬菜存放一周後的營養成分含量與剛採摘時相差無幾，甚至是完全相同的。

　　根據美國一位食品學教授發現，番茄、馬鈴薯和花菜經過一周的存放後，它們所含的維生素C有所下降，而甘藍、甜瓜、青椒和菠菜存放一周後，其維生素C的含量基本沒有變化。經過冷藏保存的高麗菜，甚至比新鮮高麗菜含有更加豐富的維生素C。

　　所以，生活中我們不能為了單純追求蔬菜的新鮮，而忽視了其中可能存在的有害物質。對於新鮮蔬菜我們應適當存放一段時間，等殘留的有害物質逐漸分解後再吃也不遲；而對於那些不宜儲存的蔬菜，也應多次清洗之後再食用。此外，以下所列舉的食物，新鮮

的反而是有諸多不利影響的。

1. 新鮮金針花

新鮮金針花含有秋水仙鹼，要小心中毒。而我們平常食用的乾金針花則不含有秋水仙鹼，因此無毒。

2. 鮮木耳

鮮木耳中含有一種光感物質，人食用後，會隨血液循環分布到人體表皮細胞中，受太陽照射後，會引發日旋光性皮炎。這種有毒光感物質還易被咽喉黏膜吸收，導致咽喉水腫。

3. 鮮海蜇

海蜇含有五羥色胺、組織胺等各種毒胺及毒物肽蛋白。人食後易引起腹痛、嘔吐等中毒症狀。因此，鮮海蜇不宜食用，必須經鹽、明礬反覆浸漬處理，脫去水和毒性黏蛋白後，方可食用。

✓ 家庭生活一點通

許多人在選購粽子的時候往往會選擇粽葉碧綠的產品，認為這樣的產品新鮮、環保。其實粽子要經過高溫蒸煮，所以粽葉的顏色不可能是鮮綠色的。部分不肖商家會用化學溶液浸泡粽葉，使粽葉變得鮮綠，這些化學物質滲透到粽子裡，會損害食用者的健康，所以對粽葉鮮綠的粽子要敬而遠之。

芹菜葉比莖更有營養

芹菜營養十分豐富，其中蛋白質含量比一般瓜果蔬菜高1倍，鐵元素含量為番茄的20倍左右，常吃芹菜能防治多種疾病。

嫩芹菜搗汁加少許蜜糖服用，可防治高血壓；糖尿病病人取芹菜汁煮沸後服用，有降血糖作用；經常吃鮮奶煮芹菜，可以中和尿酸及體內的酸性物質，對治療痛風有較好效果；若將150克連根芹菜同250克糯米煮稀粥，每天早晚食用，對治療冠心病、神經衰弱及失眠頭暈諸症均有益處。

不少家庭吃芹菜時只吃莖不吃葉，這是很可惜的，因為芹菜葉中所含營養成分遠遠高於芹菜莖，營養學家曾對芹菜的莖和葉進行13項營養成分測試，發現芹菜葉中有10項指標超過了芹菜莖。其中胡蘿蔔素含量是莖的6倍，維生素C的含量是莖的13倍，維生素B1是莖的17倍，蛋白質是莖的11倍，鈣含量是莖的2倍。

✓ **家庭生活一點通**

芹菜葉最好在開水中燙一下，撈出後與豆腐乾拌一下，這樣既可以保證芹菜葉的營養，又可以吃到清香可口的菜餚。

喝酒吃菜不吃飯易患病

　　不少脂肪肝患者看病時疑惑不解：說自己幾乎每餐只吃菜、飯吃的少，吃的又都是植物油，怎麼還會得脂肪肝呢？其實，這種吃法在飲食結構上就不合理。長期以來，人們為了防治心血管病，儘量少吃或不吃含飽和脂肪酸的動物性脂肪，改吃含不飽和脂肪酸的植物油，且不限量。這在抗動脈粥狀硬化方面是有益的，但日久卻會加重體內脂質過氧化、損傷肝細胞，還可能誘發膽石症；若再飲酒，便會加重這種損害，引發或加重脂肪肝。

　　米、麵等主食富含澱粉類多醣物質，經人體的消化器官和消化酶的協同作用，轉化成可吸收的單糖，是人體新陳代謝的重要能量來源，並直接刺激胰島細胞，分泌足量胰島素來平衡血糖。如果只喝酒吃菜不吃飯，不僅造成體內熱量來源的減少，時間久了也會減弱胰島細胞分泌胰島素的能力，進而增加患糖尿病的危險。

　　因此，在喝酒時，不但要吃菜還要適量吃些主食，以保證身體的健康。

✓ 家庭生活一點通

　　炸、烤的食物因烹飪溫度過高，會產生

大量致癌物質，所以平時不宜多吃，蒸、煮、燉的食物是最有益於人體健康的。

烹飪油反覆使用不能超過三次

　　對於喜歡做油炸食品的人來說，在品嘗香噴噴的油炸食品時，也一定捨不得將剩下的油倒掉，而是喜歡連續用上多次，甚至十幾次。這樣做無非是為了保持每次煎炸食物時有足夠的油量並減少為此所付出的成本。然而，最近西班牙科學家所做的一項研究顯示，反覆使用已用過的烹飪油容易引起高血壓的發生。

　　為了分析反覆用過多次的烹飪油對人體所產生的影響，研究人員從538位志願者家中反覆使用過的烹飪油中，直接採集所含的聚合物進行化驗。

　　研究結果顯示，那些原來血脂就比較高的人，在使用橄欖油後患高血壓的危險性，較用其他類型的烹飪油要小。就同樣反覆使用烹飪油而言，橄欖油所產生的聚合物較其他種類的烹飪油要少。這說明橄欖油變質的過程較其他油類要緩慢。因此，研究人員建議人們在烹飪中盡可能使用橄欖油，而用過的油重複使用次數最多也不要超過三次。

✓ 家庭生活一點通

　　油炸食物時，如果油熱到沸點會從鍋裡濺出，這時可以放入幾粒花椒，油就不會向外飛濺了。

偏食植物油並不好

　　炒菜離不開油，一般人都認為吃植物油比吃葷油好。但是植物油和葷油，各有各的好處，不能偏食。

　　各種植物油絕大部分均為不飽和脂肪酸，人體如果缺少它，就會乾癟、黑瘦，皮膚、黏膜都會失去正常功能。而這種不飽和脂肪酸，人體自身無法合成，只能從食物中攝取，其來源就是植物油。

　　不飽和脂肪酸被人體吸收後，有一個很重要的功能，就是刺激肝臟產生較多的高密度脂蛋白。這種脂蛋白就像血管「清潔工」，不停地把滯留在血管壁上多餘的膽固醇「收容」起來，再「押送」出境，防止它們在血管裡引起動脈硬化。

　　葷油(主要是豬油)中含的都是飽和脂肪酸，它雖然不能達到植物油中不飽和脂肪酸的作用，但豬油的脂肪很容易被人體中的酶水解，變成三醯甘油等物質，是人體能量的重要來源。它比吃同樣的

蛋白質、澱粉、醇所產生的能量要多1倍以上，也是人體各組織細胞新陳代謝必不可少的物質。所以，除了冠心病動脈粥狀硬化、血脂過高、高血壓等患者以外，豬油同樣也是很好的營養品。

國內外很多學者，對偏食葷油或植物油的害處曾做過許多研究。一般認為偏食葷油，易患動脈硬化、冠心病等疾病。

美國生化學者認為，植物油中的不飽和脂肪酸雖不是致癌物質，但它有助長癌細胞生長的作用。動物實驗結果顯示，偏食不飽和脂肪酸的一組，較葷油與植物油都吃的一組，患結腸癌和乳腺癌的比例要大得多。所以希望身體健康的人，還是吃多種油類為好。

✓ 家庭生活一點通

食用玉米胚芽油對心血管有益，並能調節人體免疫功能，所以為了遠離心血管疾病，你可以選擇食用玉米胚芽油。

冬季人們愛吃火鍋，但專家提醒，食用火鍋不當會引發咽喉腫痛、口腔潰瘍、腹脹腹瀉、消化道出血等疾病。為了保持身體健康，吃火鍋應該注意以下幾點：一是不要在

湯很燙時吃，這樣很容易燙傷口腔、舌部、食道及胃的黏膜；二是不宜急吃，一些人吃火鍋喜歡涮一下就吃，這樣很容易給潛藏在食物中的細菌、寄生蟲卵死裡逃生的機會；三是調味料不能太濃，調料味辛辣異常易導致胃腸不適、心跳加速、血壓升高。

吃火鍋葷素搭配要得當，涮火鍋的順序也很有講究，最好是要吃之前先喝半杯新鮮的飲料，接著吃蔬菜，然後再吃肉。這樣可以利用食物的營養，減少胃腸負擔，達到健康飲食的目的。

以下幾種飲料都是吃火鍋時可以選擇的：

1. 果汁

含有豐富的有機酸，可刺激胃腸分泌、助消化，還可使小腸上部呈酸性，有助於鈣、磷的吸收。但控制體重的人和老年人、血糖高者要注意選用低糖飲料。

2. 碳酸飲料

雖然它們除糖分外，含其他營養成分很少，但其中的二氧化碳可以助消化，並能促進體內熱氣排出，產生清涼爽快的感覺，補充水分的效果也較好。

3. 蔬菜汁、乳品和植物蛋白飲料

如優酪乳、杏仁露、椰汁、涼茶等，適合有慢性病的人和老年人飲用。另外，在吃火鍋時，最好喝點白酒或葡萄酒，可以達到殺菌、去膻的作用。

CHAPTER 2

小廚房中的大智慧

吃出健康，品出美味 ✔

✓ **家庭生活一點通**

　　不要把吃剩的菜和湯放在火鍋中過夜，因為過夜的菜和湯含有過多的銅氧化物，吃後容易引起中毒，輕者頭暈、噁心，重者會對心、肝、腎造成損害。

🖉 水果削掉了爛處也不能吃

　　一般來說，大部分水果採摘後鮮食的營養價值最高，衛生問題最少。但在採摘、貯藏、運輸、銷售以及選購的過程中，不可避免地會使果皮組織受到損傷，微生物就會從水果的傷口處侵入，進而產生食品衛生問題。

　　水果pH值一般在4.5以下，屬酸性食品，適宜多種黴菌和酵母的生長。某些病原微生物和寄生蟲卵會由破損的果皮侵入果質內部，對人體的健康造成危害。常見的致鮮果變質的黴菌有青黴、黑麴黴、灰葡萄孢黴、根黴等，在距離腐爛部分1公分處的正常果肉中，仍可檢查出毒素。所以，水果爛了，削去壞的部分後繼續吃是不安全的。

聰明過日子之 Easy Life

心不慌 手不抖

家事^{一本}就上手

✓ 家庭生活一點通

　　人不能過量食用水果。過量食用水果，會使體內積蓄大量維生素C，進而產生草酸。草酸與人體汗液混合排出，會損害皮膚，使皮膚變得粗糙，而且水果中的精鞣酸會對牙齒有一定腐蝕作用，所以每天食用500克左右的水果就足夠了，切勿多食。

 飯後八不急，疾病少上門

　　飯後請記住以下禁忌，以保你的健康和安全。

　　1. 不急於散步

　　飯後馬上散步會因運動量增加，而影響對營養物質的消化吸收。特別是老年人，心臟功能減退、血管硬化及血壓反射調節功能障礙，餐後多出現血壓下降等現象。

　　2. 不急於鬆褲帶

　　飯後放鬆褲帶，會使腹腔內壓下降，這樣對消化道的支持作用就會減弱，而消化器官的活動度和韌帶的負荷量就要增加，容易引起胃下垂。

　　3. 不急於吸菸

小廚房中的大智慧

吃出健康，品出美味

飯後吸菸的危害比平時大10倍，這是由於進食後，消化道血液循環量增多，致使菸中有害成分被大量吸收而損害肝、腦、心臟及血管。

4. 不急於吃水果

因食物進入胃裡需長達1～2小時的消化過程，才被慢慢排入小腸，餐後立即吃水果，食物會被阻滯在胃中，長期可導致消化功能紊亂。

5. 不急於洗澡

飯後洗澡，體表血流量會增加，胃腸道的血流量便會相對減少，進而使腸胃的消化功能減弱。

6. 不急於上床睡覺

飯後立即上床睡覺容易發胖。醫學專家告誡人們，飯後至少要休息20分鐘再上床睡覺，即使是午睡時間也應如此。

7. 不急於開車

研究顯示，司機飯後立即開車容易發生車禍。這是因為人在吃飯以後胃腸對食物進行消化需要大量的血液，容易造成大腦器官暫時性缺血，進而導致操作失誤。

8. 不急於飲茶

茶中大量鞣酸可與食物中的鐵、鋅等結合成難以溶解的物質，無法吸收，致使食物中的鐵元素白白損失。如將飲茶安排在餐後1小時就無此問題了。

心不慌 手不抖

家事一本就上手

✓ 家庭生活一點通

　　營養學家認為，飯後吃水果會導致消化功能紊亂，因為水果為單醣類食物，不宜在胃中停留過久，否則易引起腹脹、腹瀉或便秘，所以宜於飯前1小時吃水果，使之迅速被消化吸收，這樣人體免疫功能就會保持正常，食欲也會大增。

✏ 少吃辣椒能抗癌，多吃辣椒會致癌

　　世界衛生組織出刊的預防醫學雜誌再次刊登文章，告誡人們不要過量吃辣椒。辣椒內含有致癌的化學物質，但它又有防癌的作用，問題在於食用量的多少。

　　有學者在印度和韓國兩國進行的流行病學調查，已證實辣椒素是可能引起結腸癌發生的原因。辣椒味辛，含有辣椒素，它可刺激口腔內辛味的感受器，引起血壓變化和出汗，大量進食可造成神經損傷和胃潰瘍。

　　動物實驗取得的證據顯示，辣椒一旦從腸吸收到血液中，即可運輸到肝臟貯存，成為有益的抗癌物質。但辣椒素在肝臟內亦可破壞細胞，打亂細胞內的生化過程，變為吸收自由基的成分，而有些

研究人員認為，部分自由基是致癌原因。

　　研究人員指出，罐裝辣椒中的辣椒素和食品防腐劑丁基羥基甲氧苯（BHA）和二丁基羥基甲苯（BHT）對防癌、致癌起著雙重的作用，這三種成分均為抗氧化劑，防止組織和部分食品腐敗，但其效果取決於體內這些物質的含量，越多越有毒性，還可能致癌，越少越有好處。因此，我們在純辣食品的吃法上，一定要有講究，不能認為辣椒能防癌就大吃特吃，應適量就好。

> ✓ **家庭生活一點通**

　　辣椒需食得其法，才能進而攝取應有的營養素。營養師建議，生食最為有益，因為辣椒所含的維生素C較不穩定，儲存過久或烹調過熟會容易流失，所以應趁新鮮時生食。

剩菜加熱也不保險

　　在日常生活中，常有人把剩下的飯菜放進冰箱，等下一餐時加熱後再吃，以為這樣就可以防止浪費，也不會發生食物中毒。

　　其實從醫學角度分析，這種觀點並不完全正確。因為有些食物

的毒素僅憑加熱是不能消除的。在一般情況下，透過100℃的高溫加熱，幾分鐘即可殺滅某些細菌、病毒和寄生蟲。但是對於食物中細菌釋放的化學性毒素來說，加熱就無能為力了。加熱不僅不能把毒素破壞掉，有時反而會使其濃度增大。

　　在各種綠葉蔬菜中，都含有不同量的硝酸鹽。硝酸鹽是無毒的，但蔬菜在採摘、運輸、存放、烹飪過程中，硝酸鹽會被細菌還原成有毒的亞硝酸鹽。尤其是過夜的剩菜，經過一夜的鹽漬，亞硝酸鹽的含量會更高。而亞硝酸鹽經加熱後，毒性會增強，嚴重還可導致食物中毒，甚至死亡。

　　另外，像發芽的馬鈴薯中含有的龍葵素、霉變的花生中所含的黃麴毒素等都是加熱無法破壞掉的。因此，我們千萬不要以為剩菜只要加熱就行了，最好還是吃多少做多少。

✓ 家庭生活一點通

　　澱粉類食品，如年糕，最多保存4小時，如果超過4小時即使在沒有變味的情況下食用，也可能引起不良反應。原因在於它們易被葡萄球菌寄生，而這類細菌的毒素在高溫加熱下也不會分解，解決不了變質問題，所以這類食品最好在4小時內食用完。

小廚房中的大智慧

吃出健康，品出美味 ——————→

 清晨喝好第一杯白開水

「一日之計在於晨」，清晨的第一杯水尤其重要。人在一天中應該飲用7～8杯水。但你是否關注過，清晨這一杯水到底該怎麼喝？

1. 要喝什麼樣的水

新鮮的白開水是清晨第一杯水的最佳選擇。白開水是天然狀態的水經過多層淨化處理後煮沸而來，它裡面所含的鈣、鎂元素對身體健康非常有益，有預防心血管疾病的作用。

早晨起床後的第一杯水最好不要喝果汁、可樂、汽水等飲料，這些碳酸飲料中大都含有檸檬酸，長期飲用會導致缺鈣，故晨起不宜飲用。另外，也不要喝淡鹽水，因為鹽水會使人口乾，還會使血壓升高。

2. 喝多少水為宜

一個健康的人每天至少要喝7～8杯水(約2.5升)，運動量大或天氣炎熱時，飲水量應相應增加。清晨起床時是一天身體補充水分的關鍵時刻，此時喝300毫升的水最佳。

3. 喝何種溫度的水為宜

有的人喜歡早上起床以後喝冰水，覺得這樣最提神，其實這是

錯誤的。早晨，人的胃腸都已排空，過冷或過燙的水都會刺激到腸胃，引起腸胃不適。早晨起床喝水，喝與室溫相同的開水最佳，以儘量減少對胃腸的刺激。冬季以煮沸後冷卻至20℃～25℃的白開水為宜，因為這種溫度的水具有特異的生物活性，容易透過細胞膜，促進新陳代謝，增強人體免疫力。

✓ 家庭生活一點通

清晨喝水必須空腹，也就是在吃早餐之前喝水。否則，就達不到促進血液循環、沖刷腸胃等效果。最好小口小口地喝，若飲水速度過快，可能會引起血壓降低和腦水腫。

早餐冷食損健康

人體永遠喜歡溫暖的環境，身體溫暖，循環才會正常，氧氣、營養及廢物等的運送才會順暢。

所以吃早餐應該吃熱食，才能保護胃氣。中醫學說的胃氣，是廣義的，並不單純指胃這個器官，它包含了脾胃的消化吸收能力、後天的免疫力、肌肉的功能等……

早晨時，夜間的陰氣未除，大地溫度尚未回升。人體的肌肉、神經及血管都還呈收縮的狀態，假如這時候吃喝冰冷的食物，必定使體內各個系統更加攣縮，血流更加不順。

也許剛開始吃冰冷食物的時候，不覺得胃腸有什麼不舒服，但日子一久或年齡漸長，會感覺總是吃東西不舒服，大便總是稀稀的，皮膚越來越差，喉嚨老是隱隱有痰不清爽，時常感冒，小毛病不斷，這就是因為傷了胃氣，降低了身體的抵抗力。

因此，早餐應該食用熱稀飯、熱燕麥片、熱羊乳、熱豆漿、芝麻糊、山藥粥或廣東粥等，然後再配著吃蔬菜、麵包、三明治、水果、點心等。

✓ 家庭生活一點通

許多人的早點就是標準的油條加豆漿，但是油條應該少吃，因為油條屬於高溫油炸食品，吃後對健康不利，尤其是老年人、孕婦、兒童更不宜食用油條。

吃鹽過多易患高血壓

在我們的日常生活中，鹽似乎是必不可少的。然而，鹽和高

血壓有著密切的連繫。鈉攝取量高的國家，高血壓的患者也多。以魚、醃菜和醬油為主要食物的日本居民，在某些村莊，甚至有40%的居民罹患高血壓症。

而那些至今仍然依靠低鹽食物生活的原始文化區，如：新幾內亞、亞馬遜河流域的部落、馬來西亞的高地、烏干達的鄉村等地。這些地區的人們很少吃鹽，高血壓似乎與他們絕緣，而且每個人的血壓也不像日本、美國等嗜鹽國家那樣隨著年齡的增長穩定上升。

鈉，對人體的心血管系統會產生副作用，而一定量的鈣和鎂等元素卻對人體有益。所以，人們要防止食用過多的食鹽。

✓ 家庭生活一點通

在存放麵包的容器裡先撒一些鹽，再放入麵包，蓋好蓋子，麵包便不易變乾、發霉。另外，炸豬油時放點鹽，不僅會使油變清而且能保存較長時間。

飲用優酪乳過量傷身體

雖然飲用優酪乳有很多好處，但在喝的時候仍要注意適可而止，否則很容易導致胃酸過多，影響胃黏膜及消化酶的分泌，降低

食欲，破壞人體內的電解質平衡。尤其是平時就胃酸過多，常常覺得脾胃虛寒、腹脹者，更不宜多飲優酪乳。對於健康的人來說，也不宜一次大量飲用，每天喝一兩杯，每杯在125克左右比較合適。

喝優酪乳的時間最好在飯後，因為這時人腸胃中的環境最適合酪氨酸生成，讓它發揮更多的健康功效。特別是飯後2小時內飲用優酪乳，效果最佳，長期持續的喝，能達到改善體質的作用。

✓ 家庭生活一點通

不過，飲用優酪乳要注意以下三點：

1. 優酪乳不能加熱喝

優酪乳中的活性乳酸菌，如經加熱或開水稀釋，會大量死亡，使營養成分損失殆盡。

2. 優酪乳不要空腹喝

空腹時飲用優酪乳，乳酸菌易被殺死，保健作用會被減弱。飯後2小時左右飲用優酪乳為益。

3. 喝優酪乳完要漱口

優酪乳中的某些菌種及酸性物質對牙齒有一定的損害，喝完後應及時用白開水漱口或刷牙，以利於牙齒保健。

第二篇
科學選購、貯藏，食品安全把好關

如何選擇品質好的香腸

什麼樣的香腸品質較好？只要掌握以下訣竅，就可以挑選到滿意的香腸。

1. 看腸衣厚薄程度

腸衣越薄越好，蒸熟後香腸較脆，如腸衣過厚，蒸熟後會「變硬」。

2. 看是否乾爽

乾爽的香腸是上品，如果香腸較濕潤則不屬上品。

3. 看肉色

香腸肉色過於透明，證明醃製時加入的白硝過多，並非上品；如呈淡色，毫無油潤，也不是佳品；倘若過於紅潤，沒鮮明原色，證明經過染色，不要購買。

4. 看肉是否肥瘦分明

分明者屬刀切肉腸，風味最佳；不分明者是用機器將肉攪爛製成的，風味較差。

✓ 家庭生活一點通

　　選購香腸除了要求品質好之外，但還有重要的一點就是它的保鮮期，請在保鮮期之內購買和食用，否則會引起中毒，因為香腸內含有各種調料和肉類，很容易變質。

 **什麼樣的米為好米**

　　好米可以從它的色澤、形狀等方面進行鑑別：

　　品質好的米，「腹白」少或沒有，腹白是指米粒上呈乳白色不透明的部位，腹白部分蛋白質含量較低，吸水能力就會降低，硬度差，極易裂為碎米，所以米中「腹白米」多，就是品質差的一種表現。

　　品質好的米有光澤，香味正常，糠屑少，無蟲害、雜物等；否則就是品質差的米。品質好的米粒形狀整齊、均勻，碎米含量少。所謂碎米，指米粒在整粒體積2/3以下的米，這種米口感差。而米粒上有裂紋的米，主要是保存不好所致，特別容易裂碎，口感也差。

✓ 家庭生活一點通

　　米的潔白程度和米外層的米糠去除程度有關，米糠去除程度越高，米越白，但營養損失亦越多。米糠中含有豐富的維生素B群和膳食纖維，米的胚芽含有維生素E和許多不飽和脂肪酸。經常食用精白米的人容易發生維生素B1和維生素B2的缺乏。因此，米並不是越白越好。

教你識別好壞蜂蜜

　　蜂蜜是食療也是藥療上品，更是中藥的重要輔料之一，摻假現象較為普遍，不但影響蜂蜜的品質，還危害人們的身體健康。對蜂蜜的摻假鑑定既需要經驗，也需要現代技術鑑定。常見的鑑定方法如下：

1. 嘗

　　優質蜂蜜芳香甜潤，入口後回味長，並且過喉嚨時有辛辣的感覺為最好。摻假的蜂蜜沒有花香味，有的假蜂蜜有糖水味。

2. 看

　　蜂蜜以顏色淺者為佳，其中含有白色小結晶顆粒量多，說明葡

萄糖含量多，是好蜜。如果蜂蜜極稀，易於流動，且香氣不十分濃郁有可能是攪了假的蜂蜜。

3. 聞

純正的蜂蜜打開瓶蓋時會有一種濃郁、芬芳的香味，且滴入水中不會立即溶解，能較長時間保持原狀。

4. 驗

將蜂蜜滴在白紙上，不擴散開為純正蜂蜜，而摻假品會逐漸散開，散開的速度越快說明攪入的水分越多。

另外，如將蜂蜜滴在木板上晒、烘烤或吹風，不變乾變色的為真品；如果把燒紅的鐵絲插入蜂蜜中，純正的蜂蜜使鐵絲在拔出後極為光滑且沒有雜質附著，同時純正的蜂蜜滴在燒紅的鐵板上會起煙。

✓ 家庭生活一點通

蜂蜜是弱酸性液體，應使用非金屬容器存放，如木桶、無毒塑膠瓶或玻璃瓶中。蜂蜜應放置在乾燥、清潔、通風和無異味的室內，室溫保持在5～10℃。

啤酒好壞易知曉

在識別啤酒優劣時，首先需考慮其品種，再根據下面幾個方面進行觀察，識別就會變得很容易。

1. 色澤

啤酒有三種顏色，且每種又有深淺程度之分，但優質的啤酒色澤，不管深淺，都應光潔醒目。要達到光潔醒目，除去色澤本身的因素外，還需有透明度的配合。我們一般飲用的多是淺色啤酒，這時應以色淺為優，應呈淺黃色或金黃色。色澤發暗，主要是原料不好或製作不當所致。

2. 泡沫

品質好的啤酒倒進杯子，馬上有潔白細膩的泡沫升起，而且是升得高、消得慢，泡沫能持續四、五分鐘以上，泡沫散落後，以杯壁仍掛著泡沫的品質為佳。杯內啤酒飲完後，內壁殘留泡沫物質越多，其品質越好。不掛杯、泡沫粗的為劣質。另外，需注意酒杯不能沾有油脂，因為油膩具有很強的消泡作用。

3. 香氣

不同品種的啤酒，香氣也不相同。淺色啤酒要求酒花香氣突出，有明顯的麥芽香和醇香者為佳，而深色啤酒則要求有濃郁的麥

芽香味。

4. 透明度

品質好的啤酒清澈透明，不應有任何混濁、沉澱產生。反之則說明啤酒的穩定性差，多是因為釀造工藝和製作不善。目前市場上瓶裝啤酒保存期一般是1—2個月，瓶裝鮮啤酒保存期一般為1個星期左右，散裝鮮啤酒只可保存3天，超過期限越長，口味變得越差。如果發現啤酒變成混濁狀，則不宜飲用。

5. 口味

用舌品嘗其滋味，除有麥芽、酒花香味外，口感清爽，飲用後有醇厚、圓滿柔和的感覺，回味舒適、純正，有碳酸氣刺激感為上乘。一般淺色啤酒注重爽口的感覺，而深色啤酒側重口味醇厚。若口感平淡或苦重，回味澀口，有酵母臭味及其他異味為下品。

✓ 家庭生活一點通

喜歡喝啤酒的人應注意，一要飲用品質好的啤酒，這種啤酒在製作過程中要求嚴格、含雜質較少。二是不可長期大量飲用，一天內不可暴飲啤酒，以減少其對人體的危害，尤其是心臟功能不好的人，更要節制飲酒量。

真假奶粉巧辨別

面對商場、超市中各種品牌的奶粉，我們有時無所適從，不知該如何挑選。因為我們不知道什麼樣的奶粉是優質的，下面教你幾招辨別奶粉好壞的方法：

1. 看顏色

好的奶粉呈天然乳黃色；而劣質奶粉細看有結晶和光澤，或呈漂白色。

2. 嘗味道

取少許奶粉放進嘴裡品嘗，好的奶粉細膩發黏，易黏住牙齒和舌頭且無糖的甜味（含糖奶粉除外）；劣質奶粉放入口中會很快溶解，不黏牙，甜味濃。

3. 試手感

袋裝奶粉，用手指捏住包裝袋來回摩擦，好的奶粉會發出「吱吱」聲；而劣質奶粉由於摻有葡萄糖等成分，顆粒較粗，故發出「沙沙」的流動聲。

4. 看溶解速度

把奶粉放入杯中，溶解越快的越不好。用熱開水沖泡時，好的奶粉形成懸漂物上浮，攪拌之初會黏住湯匙；劣質奶粉則溶解迅

速。

5. 聞氣味

打開包裝，好的奶粉有牛奶特有的乳香味；劣質奶粉乳香味淡，甚至沒有乳香味。

✓ 家庭生活一點通

奶粉用開水沖泡後，靜放幾分鐘，如果水與奶分離，則證明奶粉已完全變質，絕對不能食用。

好吃的皮蛋如何選

皮蛋的品質，以蛋黃湯心、蛋白膠凍有花、色澤褐綠的為上品。皮蛋上松花愈大愈漂亮，表示熟成度夠，味道越好。

購買時可根據以下三個方面進行觀察，就能容易鑑別皮蛋好壞。

1. 看

觀察皮蛋表皮的顏色(包泥者可敲開一個看），凡蛋皮色灰白並帶有少量灰黑色斑點的，蛋殼完整無裂紋者為品質好的；裂紋蛋

則含有一種辛辣的怪味並發臭。

2. 掂

將皮蛋放在手心輕輕掂一下，顫動大的蛋品質好，無顫動的蛋品質差。

3. 搖

就是將皮蛋拿在手中在耳邊使勁搖動，好蛋無聲，次蛋有聲。

✓ 家庭生活一點通

皮蛋的製成，必須浸漬在強鹼溶液中，以達到蛋白質的變性，並產生特殊的風味及色澤。所以皮蛋不能多吃，吃多對身體不好，兒童更不能吃過多皮蛋，吃多會影響兒童的智力發育。

優劣香油如何區分

常食用優質香油，能增加食欲，降低膽固醇，對身體大有好處。而偽劣香油不但使你倒胃口，還會損傷腸胃。怎樣區別真假優劣香油呢？

一是將香油放入冰箱，在零下10℃時冷凍觀察，純香油在此溫度下為液態，而劣質香油則開始凝固。

二是將香油放入鍋內加熱，若混有豬油則發白；混有棉籽油會溢出鍋面；混有菜籽油則發青；混有冬瓜湯、米湯則渾濁，半小時後有沉澱。

三是將一滴香油加入盛有清水的碗中，純香油初成薄薄的油花，很快擴散，凝成若干小油珠，而劣質香油油花小且厚，不易擴散。

四是用勺子盛滿香油，從高處倒入容器中，純香油油花呈金黃色，且很快消失。若油花呈淡黃色，說明混有菜籽油，另外要注意的是，香油味道奇香者可能摻有芝麻香精。

✓ 家庭生活一點通

常食用香油有利健康，延緩衰老，潤腸通便，減少體內脂質積存，還可以滋潤皮膚，去除老人斑。

中老年人長期食用香油還可以預防脫髮和過早地出現白髮，對於有抽菸和嗜酒習慣的人來說，長期食用香油可以保護牙齦，有利於口腔健康。

顏色過豔的熟食不能吃

顏色特別鮮豔誘人的熟食最好別買。

1.這種熟食的原料肉很有可能已經變質，出售者為了掩蓋其顏色才加入大量人工色素，食用後可能發生細菌性食物中毒，出現嘔吐、噁心及視力障礙。

2.熟食顏色不正常，極有可能是因為添加了過量的發色劑——亞硝酸鹽調色而成，因為這種紅色維持時間長，但亞硝酸鹽是有毒性物質，攝入過多有致癌作用。

✓ 家庭生活一點通

剛出爐的麵包還在發酵，馬上吃對身體有害無益，這樣很容易得胃病，至少要放兩個鐘頭才能吃。

有些食物不宜一起存放

為了方便起見，人們常把某些食物混放在一起。然而，你可知道有些食物是不可以放在一起的，如果放在一起，將會發生變化產

生毒素，進而危害人體的健康。

1. 麵包與餅乾

餅乾乾燥且無水分，而麵包的水分較多，兩者放  在一起，餅乾會變軟而失去香脆，麵包則會變硬難吃。

2. 地瓜與馬鈴薯

地瓜喜溫，放在15℃溫度環境中為佳；馬鈴薯喜涼，存放在2～4℃的溫度環境最好，兩者放在一起，不是馬鈴薯發芽就是地瓜硬心。

3. 米與水果

米是容易發熱的食物，水果受熱則容易蒸發水分而乾枯，而米亦會吸收水分後發生霉變或生蟲。

4. 黃瓜與番茄

黃瓜忌乙烯，而番茄含有乙烯，會使黃瓜迅速變質腐爛。

5. 鮮蛋與生薑、洋蔥

蛋殼上有許多肉眼所看不到的小氣孔，生薑、洋蔥的強烈氣味會鑽入氣孔內，加速鮮蛋的變質，時間一長蛋就會發臭。

✓ 家庭生活一點通

不能放一起吃的食物有：

1. 蔥+豆腐：豆腐中的鈣和小蔥中的草酸結合生成草酸鈣，不

利於人體吸收。

　　2. 地瓜+柿子：一起食用易患胃結石。

　　3. 豆漿+雞蛋：雞蛋中的生蛋白能與豆漿中的胰蛋白酶結合，進而失去應有的營養價值。

　　4. 海鮮+啤酒：兩種食物同食，容易引發痛風症。

 蔬菜不可在冰箱內久存

　　自從有了冰箱，人們常常在週末出門採購，然後把食品存放在冰箱裡慢慢地享用。一般情況下，在0～4℃的低溫下儲存罐頭、飲料、調味品等，能夠保鮮。多數水果在冰箱中儲藏，可以延遲腐爛和軟蔫的時間。但如果以為有了冰箱就萬事大吉，經常將蔬菜存放在冰箱中數日，則是非常危險的。

　　蔬菜中最大的危險來自其中的硝酸鹽。硝酸鹽本身是沒有毒的，但儲藏一段時間後，由於酶和細菌的作用，硝酸鹽被還原成亞硝酸鹽，這是一種有毒物質，它在體內與蛋白質類物質結合，是導致胃癌的重要因素之一。

　　新鮮蔬菜買回來後應儘快食用。葉菜類中硝酸鹽含量較高，尤其不可久放。若買來的蔬菜當天沒有烹調，應及時裝入保鮮袋，包

小廚房中的大智慧

吃出健康，品出美味

好放入冰箱中暫時保存。肉類菜餚可以多次加熱，但蔬菜烹調後要當天吃完，不要反覆熱剩菜。凡是已經發黃、水漬化的蔬菜，其中亞硝酸鹽含量都非常高，千萬不可食用。

此外，像香蕉、荔枝、火腿和巧克力等，也不宜在冰箱中久存。因為這些東西經過冰箱冷存後，一旦取出，在室溫條件下更容易發霉變質，失去原味。

存放茄子前忌用水洗，因為茄子經過水洗，表皮上的蠟質就會被破壞，微生物容易侵入，進而使茄子腐爛變質。

一些人認為西瓜放在冰箱裡冰鎮後吃起來涼快、甘甜，卻不知常吃這樣的西瓜對健康有害無益。因為西瓜在低溫中冷藏後，瓜肉裡的水分往往結成冰晶，這樣會刺激咽喉，易引起咽喉炎或牙痛等不良反應。因此買回西瓜後，在陰涼處放一會兒便可吃，而且最好一次吃完。

✓ 家庭生活一點通

買回蔬菜後不宜平放，更不能倒放，正確的方法是將其捆好，垂直豎放，其原因是：

從外觀上看，只要留心觀察就會發現，垂直豎放的蔬菜顯得蔥綠鮮嫩而挺拔，而平放、倒放的蔬菜則萎黃，時間越長，差異越明

顯。

　　從營養價值看，垂直放的蔬菜葉綠素含水量比水平放的多，且經過時間越長，差異越大，葉綠素可以幫助造血，對人體有很高的營養價值，垂直放的蔬菜生命力強，維持蔬菜生命力可使維生素損失小，對人體有益。因此，買回蔬菜後應垂直豎放，不要隨便一扔了事。

食用油貯存不要超過一年

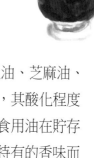

　　食用植物油，簡稱食用油。它包括菜籽油、花生油、芝麻油、豆油、茶油等。因在貯存過程中食用油容易發生酸化，其酸化程度與貯存時間有關，貯存時間越長，酸化就越嚴重，且食用油在貯存時還可能產生對人體有害的物質，並逐漸失去食用油特有的香味而變得酸澀。人若食用了貯存過久的食用油，常會出現胃部不適、噁心、嘔吐、腹痛、腹瀉等症狀。所以食用油不可貯存過久。

　　那麼，食用油貯存多長時間比較適合呢？調查研究結果顯示，食用油貯存期應以一年為限。

在購買棉籽油時要注意應選擇精製的棉籽油，因為粗製棉籽油未除去棉酚色素，遇氧後極易使油氧化成紅棕色或深棕色，甚至變成棕黑色。這種油味道難聞，嘗之發苦，不能食用。如果經常食用粗製棉籽油，還會引起慢性中毒，這種中毒最大的危害，是造成人的生育功能障礙。

 ## 塑膠容器不要存放食用油

盛裝食物的塑膠容器一般都是用無毒塑膠製成的。說它無毒是因為這些塑膠中加入的添加劑種類較少，而這些添加劑比如塑化劑等或多或少都對人體健康不利。由於一些添加劑本身是低分子量的有機物，用塑膠製品長期存放食用油，有可能使這些物質在塑膠製品的表面與油類相互作用，產生有害物質，造成食用油的化學汙染，為人體帶來危害。所以，塑膠等容器是不能貯存油脂的。

貯存油脂最好使用密封而且不會與油脂起化學作用的容器，陶瓷容器符合這一要求；其次是搪瓷容器。玻璃容器雖然易密封，而且不會與油脂發生化學反應，但它能透過一定數量的紫外線，油脂在紫外線的作用下，會加速氧化酸敗，所以玻璃容器不是貯存食用

油的理想容器。

✓ 家庭生活一點通

　　維生素E是一種抗氧化劑。在每500克食用油中添加一粒維生素E軟膠囊（用針刺破膠囊），可使食用油一年內不氧化變味，又能增加營養。

 ## 番茄千萬要挑對顏色

　　番茄有很多品種，不知該如何選擇，不妨按顏色來挑選，因為不同顏色的番茄具有不同的保健功效！

紅色番茄

富含茄紅素，對預防癌症很有好處。

橙色番茄

茄紅素含量少，但胡蘿蔔素含量高一些。

粉紅色番茄

含有少量茄紅素，但胡蘿蔔素很少。

淺黃色番茄

含少量的胡蘿蔔素，不含有茄紅素。

如果要滿足維生素C的需求，則各種番茄都可以，關鍵是選新鮮、當季、風味濃的產品。

　　如果要補充茄紅素、胡蘿蔔素等抗氧化成分，則應當選顏色深紅色或是橙色的番茄，而不是粉紅色或淺黃色的。

　　番茄中最有價值的成分莫過於茄紅素，它以強大的抗氧化功能和預防癌症功能著稱。茄紅素和胡蘿蔔素，對眼睛和皮膚均有好處。它們都是「脂溶性成分」，特別喜歡油脂，所以炒番茄或者做湯等都很好，而生吃則吸收率很低。

　　如果吃番茄是為了攝取維生素C、鉀和膳食纖維，那麼生吃熟吃都沒問題。番茄本身酸度大，有利於維生素C的穩定，加熱烹調之後損失比較小，而鉀和膳食纖維也不怕熱。

✓ 家庭生活一點通

　　番茄性寒涼，脾胃虛弱、容易腹瀉的人，就要適當控制吃生番茄的量了，最好採用熟吃的方法。吃番茄減肥的人也要注意，非常饑餓的時候吃生番茄，會越吃越餓！不如喝一碗番茄蛋花湯，它不僅熱量很低，還能充飢。

蔥怕動不怕凍

　　觀察蔥的受凍過程可在顯微鏡下看到：當氣溫降至0℃以下後，蔥細胞間隙的水分結冰，細胞壁卻不受損傷而安然無恙，這時只要不觸動它，待溫度回升到0℃以上後，蔥細胞間隙的冰晶便可慢慢融化，恢復生機。如果蔥受凍後隨意挪動，由於受到人為的擠壓，細胞間隙的冰晶會使細胞壁損傷，待溫度回升後，細胞液就會滲溢出來，使蔥腐爛。

　　蔥的耐寒能力很強，甚至在下雪的地方能耐-30℃的低溫，這說明大蔥耐低溫不怕凍，但不宜隨意挪動它。

　　蔥的冬貯方法：

1. 在園圃裡就地過冬

　　把蔥壟開溝、培土、覆蓋，蓋土以手捏成團，觸碰即散為好，此時約為田間持水量50～60%，過濕則易使老葉腐爛，蓋土要露出老葉葉尖，隨用隨刨。

2. 收穫冬貯

　　選晴暖無風天氣起收，露天晾晒1～2天，然後每2～3斤捆紮成束；堆立在能避風吹、防雨的庭院角落，約7～10天再取出晾晒一次，並覆蓋乾鬆土、沙土或蓋以草苫即可備用。

小廚房中的大智慧

吃出健康，品出美味 ──────→

✓ 家庭生活一點通

　　蔥能治敏感性牙齒，吃酸的東西以後，只要嚼一、兩根蔥，酸軟與疼痛感就會好轉。另外，患有貧血、低血壓的人多吃蔥，可以補充能量。眼睛容易疲勞及患有失眠、神經衰弱的人多吃蔥，可以精力充沛，提高效率。

第三篇
正確加工、烹飪，留住營養我在行

米不要多淘久泡

一般做米飯或熬粥時須先淘洗米，以去除米中的泥沙及穀殼等雜質。但應注意淘米的方法，否則容易造成營養素的大量損失。因為米中所含的蛋白質、碳水化合物、無機鹽和維生素B1、維生素B2、維生素B3等營養物質大多易溶或可溶於水，經過淘、搓和浸泡，容易流失；並且淘、搓次數愈多，浸泡時間愈長，淘米水溫愈高，流失愈多。據測定，經淘洗的米(2～3次)維生素B1會損失29%～60%，維生素B2和維生素B3會損失23%～25%，無機鹽約損失70%，蛋白質損失16%，脂肪損失43%，碳水化合物損失2%。因此，淘米時應注意如下幾點：

1.用涼水淘洗，不要用熱水淘洗。

2.用水量、淘洗次數要儘量減少，以去除泥沙為主。

3.不要用力搓洗和過度攪拌。

4.淘米前後均不應浸泡，淘米後如果已經浸泡，應將浸泡的米水和米一同下鍋煮飯。

CHAPTER 2

小廚房中的大智慧

吃出健康，品出美味

✓ 家庭生活一點通

　　米粒表面的結構主要是由纖維素和蛋白質構成的。用高壓鍋蒸米飯，高壓鍋內的蒸氣、水分會更有效均勻地浸透到米粒內部去，使米粒很快分解變性，變得極易被人體吸收。而用普通鍋蒸米飯，由於鍋內的壓力小且不均勻，米粒分解變性不徹底，營養不易被人體完全吸收。由此看來，用高壓鍋蒸米飯比普通鍋蒸米飯的營養要高，也好吃。

煮飯忌用生冷水，破壞營養還費火

　　蒸飯、煮飯都是淘米後放冷水再燒開，這已是司空見慣的事了，但事實上，正確的做法應該是先將水燒開，用開水來煮飯。那麼，這樣做的好處是什麼呢？

1. 開水煮飯可以縮短蒸煮時間，保護米中的維生素

　　由於澱粉顆粒不溶於冷水，只有水溫在60℃以上，澱粉才會吸收水分膨脹、破裂，變成糊狀。米含有大量澱粉，用開水煮飯時，溫度約為100℃(水的沸點)，這樣的溫度能使米飯快速熟透，縮短煮飯時間，防止米中的維生素因長時間高溫加熱而遭到破壞。

2. 將水燒開可使其中的氯氣揮發，避免破壞維生素B1

維生素B1是米中最重要的營養成分，其主要功能是調節體內醣類的代謝，如果缺乏它，神經系統會受到影響，容易產生疲勞、食欲不振、四肢乏力、肌肉痠痛、腳氣病、浮腫、心律紊亂、頑固性失眠等症狀。

而我們平時所用的自來水都是經過加氯消毒的，若直接用這種水來煮飯，水中的氯會大量破壞米中的維生素B1。用燒開的水煮飯，氯已經隨水蒸氣揮發了，就大大減少了維生素B1及其他維生素B群的損失。

✓ 家庭生活一點通

煮飯時，在米中加少量食鹽、豬油，會使米飯又軟又鬆。另外，在水裡滴幾滴醋，煮出的米飯會更加潔白、味香。

茶水煮飯可防病

茶水煮飯有去膩、潔口、化食和防治疾病的好處。據營養學家研究，常吃茶水煮的米飯，可以防治四種疾病。

1. 防治心血管疾病

科學實驗證明，茶多酚可以增強微血管的韌性，防止微血管壁破裂而出血。而且，茶多酚可降低血膽固醇，抑制動脈硬化。

2. 預防中風

腦中風的原因之一，是人體內生成過氧化脂質，進而使血管壁失去了彈性，而茶水中的單寧酸，正好有抑制過氧化脂質生成的作用，能有效地預防中風。

3. 具有防癌作用

茶多酚可以抑制亞硝胺在人體內的合成，進而達到防治消化道腫瘤的目的。

4. 預防牙齒疾病

茶葉所含氟化物，是牙本質中不可缺少的重要物質。如能不斷地有少量氟浸入牙組織，便能增強牙齒的堅韌性和抗酸能力，防止齲齒發生。

✓ 家庭生活一點通

飯分法蒸飯時間長，維生素B1損失會超過30%。如在蒸飯時除去米湯水，維生素損失會超過40%。所以蒸乾飯時間不宜過長，另外蒸飯時不要除去米湯水。

111

這樣做湯才能鮮香可口

　　熬湯的骨頭類食材要在冷水時下鍋，而且在熬煮的中途不要加水。這是因為豬骨等原料，除骨頭外，多少還帶些肉，有的人為了要熟得快，一開始就用熱水或開水往鍋裡倒，肉骨頭的表面驟然受到高溫，外層肉類的蛋白質便會突然凝固，進而使內層的蛋白質不能再充分地溶解於湯中，味道自然不如冷水下鍋燒出的湯味道鮮美。

　　不要早放鹽。因為鹽有滲透作用，容易使食材內部的水分釋出，加劇蛋白質的凝固，影響湯的鮮味。醬油也不宜早加，蔥、薑、料酒等作料所加的量也要適宜，不要多加，否則會影響湯汁本身的鮮味。

　　要使湯清，必須用文火燒，加熱時間寧可長一點，使湯呈沸而不騰的狀態，並注意除盡湯上面的浮沫浮油。如果讓湯汁滾沸，會使湯中的蛋白質分子運動激烈，碰撞頻繁，以致凝成許多白色顆粒，湯汁就渾濁不清了。

✓ 家庭生活一點通

　　燒豬肉時，除放蔥、薑、八角、醬油外，再倒入適量的可樂，

微火燉熟，味道會更鮮美。

禽畜肉不宜爆炒

　　很多人喜歡快火爆炒食物，認為這樣做出的菜餚色澤、口味都很好。但是，爆炒是一種很不衛生的烹調方法。禽畜肉，尤其是動物內臟，通常都攜帶大量禽畜病毒、病菌，爆炒時間過短，病毒、病菌不易被殺死，有的病毒要燒煮十幾分鐘後才能被殺死。吃了爆炒不熟的食物後，極易病從口入，感染「人畜共通傳染病」。

✓ 家庭生活一點通
　　在青蛙肉中，常常寄生著孟氏裂斷條蟲，這是一種白色線狀的寄生蟲，人吃了以後會使人體局部組織遭到破壞，甚至有導致雙目失明的可能，所以不要吃青蛙肉。

煮雞蛋不要用涼水冷卻

有些人喜歡把煮熟的雞蛋置於涼水中冷卻，認為這樣容易剝殼，其實這種做法很不妥。因為雞蛋的蛋殼內有一層保護膜，蛋煮熟後，膜則被破壞，當煮熟的蛋放入冷水中，蛋發生猛烈收縮，蛋白與蛋殼之間就形成一真空空隙，水中的細菌、病毒很容易被負壓吸收到這層空隙中。另外，冷水中的細菌也會透過氣孔進入蛋內。其實在煮蛋時放入少許食鹽，煮熟的蛋殼就很容易剝掉。

✓ 家庭生活一點通

不要用茶葉煮雞蛋，因為茶葉中除含生物鹼外，還含有酸性物質，這些化合物與雞蛋中的鐵元素結合，對胃部也會相應的產生一定的刺激作用，而且也不利於消化吸收。

豆漿中不能沖入雞蛋

豆漿是許多人喜歡的食品，不少人都將豆漿作為早餐，但是飲用豆漿要注意一些地方，否則很容易造成身體不適，甚至誘發各種疾病。

豆漿中不能沖入雞蛋，這樣會造成消化不良，因為雞蛋中的雞

小廚房中的大智慧

吃出健康，品出美味

蛋清會與豆漿裡的胰蛋白酶結合，產生不易被人體吸收的物質。豆漿飲用不僅僅要注意這一點，另外，還需注意：

1. 忌過量飲豆漿

豆漿一次不宜飲用過多，否則極易引起過食性蛋白質消化不良症，出現腹脹、腹瀉等不適病症。

2. 不要飲用未煮熟的豆漿

生豆漿裡含有皂素、胰蛋白酶抑制物等有害物質，未煮熟就飲用，會發生噁心、嘔吐、腹瀉等中毒症狀。

3. 不能與藥物同飲

有些藥物會破壞豆漿裡的營養成分，如四環素、紅黴素等抗生素藥物。

4. 忌用保溫瓶貯存豆漿

在溫度適宜的條件下，瓶內細菌以豆漿作為養料會大量繁殖，經過3～4小時就能使豆漿酸敗變質。

5. 不要空腹飲豆漿

空腹飲豆漿，豆漿裡的蛋白質大部分會在人體內轉化為熱量而被消耗掉，不能充分達到補益作用。飲豆漿時吃些麵包、糕點、饅頭等澱粉類食品，可使豆漿中的蛋白質等在澱粉的作用下與胃液較充分地酶解，使營養物質被充分吸收。

6. 喝豆漿並非人人皆宜

中醫認為：豆漿性平偏寒而滑利。平素胃寒，飲後有發悶、反

胃、打嗝的人，脾虛、易腹瀉、腹脹的人以及夜間頻尿、遺精、腎虧的人，均不宜飲用豆漿。

✓ 家庭生活一點通

　　雞蛋蛋白含有抗生物素蛋白，會影響食物中生物素的吸收，使身體出現食欲不振、全身無力、肌肉疼痛等症狀，雞蛋中含有抗胰蛋白酶，它們影響人體對雞蛋蛋白質的消化和吸收，未熟的雞蛋中這兩種物質沒有被分解，因此影響蛋白質的消化、吸收。另外，雞蛋在形成過程中會帶菌，未熟的雞蛋不能將細菌殺死，容易引起腹瀉。因此雞蛋要經高溫烹調後再吃，不要吃未熟的雞蛋。

✎ 涮羊肉的時間不宜過短

　　涮羊肉能夠較好地保存羊肉中的活性營養成分，但應注意選用的肉片越新鮮越好，要切得薄一些，在沸騰的鍋內燙1分鐘左右，肉的顏色由鮮紅變成灰白才可以吃，時間不宜太短，否則不能完全殺死肉片中的細菌和寄生蟲蟲卵。火鍋湯溫度要高，最好一直處於沸騰狀態。

　　此外，有人認為涮羊肉火鍋的湯營養豐富，實際剛好相反，吃

涮羊肉一般要1小時以上，這期間，配料、沒撈出來的羊肉等很多物質在高溫中長時間混合煮沸，彼此間會發生化學反應。有關研究已證明，這些食品反應後產生的物質對人體不僅沒有益處，而且還會導致一些疾病的發生。

✓ 家庭生活一點通

羊肉不能和醋共食，因為羊肉火熱，益氣補虛；醋中含蛋白質、糖、維生素、醋酸及多種有機酸，其性酸溫，應與寒性食物配合，與羊肉不宜。

勿用熱水洗豬肉

有些人常把買回來的新鮮豬肉，放在熱水中浸洗，認為這樣能洗乾淨。其實這麼做，會使豬肉失去不少營養成分。

豬肉的肌肉組織和脂肪組織內，含有大量的蛋白質。豬肉蛋白質，可分為肌溶蛋白和肌凝蛋白兩種。肌溶蛋白的凝固點是15～60℃，極易溶於水。當豬肉置於熱水中浸泡的時候，大量的肌溶蛋白就溶於水中而流失。同時，在肌溶蛋白裡含有機酸、谷氨酸和

谷氨酸鈉鹽等各種成分,這些物質被浸出後,會影響豬肉的味道。因此,豬肉不要用熱水浸泡,而應用乾淨的布擦淨,然後用涼水快速沖洗乾淨,不可久泡。

✓ **家庭生活一點通**

　　豬肉沾上髒物,用清水難以清洗,若用洗米水浸泡數分鐘再洗,髒物即可洗淨。

炒雞蛋加味精多此一舉

　　不少家庭(包括餐館)在燒菜時都有加味精的習慣,炒雞蛋也不例外。不過,這種做法是不好的。味精的成分是谷氨酸鈉,而雞蛋本身就富含谷氨酸和氯化鈉,在熱炒時,雞蛋中的谷氨酸和氯化鈉會發生化學變化,變成谷氨酸鈉而產生鮮味。如果再加味精,就會破壞炒雞蛋的自然鮮味,口味反而不佳。

　　另外,不宜加味精的菜,還有:

1. 含鹼或小蘇打的食物

在含鹼或小蘇打的食物中不能使用味精,因為在鹼性溶液中,

谷氨酸鈉會生成有不良氣味的谷氨酸二鈉，而失去其調味作用。

2. 酸味菜、糖醋、醋溜和酸辣菜

酸味菜、糖醋、醋溜和酸辣菜等在烹製時不宜放味精。因為，味精在酸性溶液中不易溶解，而且酸性越強，溶解度越低，酸味菜中放入味精，不會獲得調味的效果。

3. 用高湯煮的菜

用高湯煮製的菜不宜加入味精。高湯本來就具有一種鮮味，而且味精的鮮味又與高湯的鮮味不同。如果用高湯烹製的菜加入了味精，反而會把高湯的鮮味掩蓋。

4. 用雞或海鮮燉的菜

雞或海鮮有較強的鮮味，再加味精是浪費，並不能達到什麼作用。

5. 涼拌菜

涼拌菜不宜放味精。因為涼拌菜溫度低，味精不易溶解，不能達到調味的作用。

6. 高溫加熱的菜

高溫加熱的菜中不宜多放味精，以免加熱過程中使味精變成焦化的谷氨酸鈉。

✓ 家庭生活一點通

心不慌　手不抖

家事一本就上手

雞蛋攪拌肉餡更好，可使肉餡肥而不膩，瘦而不柴，一般情況下，500克肉餡加兩個雞蛋就夠了。

炒豆芽加醋好處多

在有益壽延年功效的食品中，排在第一位的就是豆芽。因為豆芽中含有大量的抗酸性物質，具有很好的抗老化功能，能達到有效的排毒作用。

為了使豆芽在烹飪中營養不流失，最好放點醋。因為豆芽也富含蛋白質，炒豆芽放醋，能夠使蛋白質更快、更容易溶解，也更易被人體吸收。而且醋還能去除豆芽的腥味和澀味，同時又能保持豆芽的爽脆和鮮嫩。炒豆芽時加醋也能避免維生素C的流失，因為豆芽裡含有的水溶性維生素比較多，特別是維生素C，它一怕熱，二怕鹼，還容易被氧化。所以，在烹調過程中，如果放一些醋，就可使維生素C在酸性環境中不易流失，而且還不易被氧化。

✓ 家庭生活一點通

煮豆芽時，油鹽不宜過多。要儘量保持其清淡的口味和爽口的

特點，並且下鍋後要急速快炒，才能保存水分及維生素B2和維生素C，口感會更好。

花生營養豐富，含有多種維生素、卵磷脂、氨基酸、膽鹼及油酸、硬脂酸、棕櫚酸等。花生的熱量高於肉類，比牛奶高1倍，比雞蛋高4倍。

花生的吃法也很多元，可生食，可油炸也可炒、煮。在諸多吃法中，以水煮為最佳。用油煎、炸或用火直接爆炒，對花生中富含的維生素以及其他營養成分破壞很大。另外，花生本身含有大量植物油，遇高熱會使花生甘平之性變為燥熱之性，多食、久食或體虛火旺者食之，極易上火。

水煮花生保留了花生中原有的植物活性化合物，如植物固醇、皂角苷、白藜蘆醇、抗氧化劑等，對防止營養不良，預防糖尿病、心血管病、肥胖具有顯著功用。尤其是 β －谷固醇有預防大腸癌、前列腺癌、乳腺癌及心血管病的作用。此外，其中的白藜蘆醇具有很強的生物活性，不僅能抵禦癌症，還能抑制血小板凝聚，防止心肌梗塞與腦梗塞。花生集營養、保健和防病功能於一身，對平衡膳

食、改善營養與健康狀況具有重要的作用。

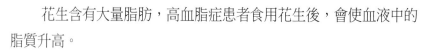

✓ 家庭生活一點通

以下幾種類型的人不宜吃花生：

1. 高血脂症患者

花生含有大量脂肪，高血脂症患者食用花生後，會使血液中的脂質升高。

2. 膽囊切除者

花生裡所含的脂肪需要膽汁去消化，膽囊切除後儲存膽汁功能喪失，這類患者如果吃花生，會引起消化不良。

3. 消化不良者

花生含有大量脂肪，腸炎、痢疾等脾胃功能不良者食用後，會加重病情。

 ## 烹飪時不要讓營養流失

在烹調過程中，不要讓蔬菜和食品中的營養成分流失，同時還要防止吃進含有亞硝酸胺的食品。那麼，在烹調中要注意些什麼

呢？

1. 適當用點醋

烹調蔬菜時如能放一點醋，不但味道鮮美，還能加強保護維生素C，因為維生素C在酸性環境中不易被分解。

2. 不宜加食用鹼

在烹煮豆類食物、蔬菜時加些食用鹼，可使食物酥軟，但卻會使大量維生素C被破壞和流失，降低蔬菜的營養價值，因此最好不要用。

3. 蔬菜要先洗後切、切好即炒、炒好即吃

由於維生素C易溶於水，化學性能不穩定，所以在烹調蔬菜時，最好不要切碎後再洗，更不宜長時間浸泡。

4. 魚、肉不可燒焦

科學實驗證明，魚和肉及其製品含有較多的致癌物質。在烹調魚、肉等食物時，千萬注意不要燒焦，已經燒焦的部分不要吃。

5. 不要擠出菜汁

菜汁中含有豐富的維生素C、酶和其他養分，故一般不要將菜汁擠掉。如特殊烹調時需要擠出菜汁，也要儘量利用不要浪費掉。

✓ 家庭生活一點通

菜一般不宜用刀切，儘量用手撕，因為鐵會加速維生素C的氧化。炒菜時要快炒，避免長時間燉，而且要蓋好鍋蓋，防止維生素蒸發掉。炒菜時應儘量少加水。

飛火炒菜有害健康

生活中，我們常常可以看到這樣一種景象：廚師在用旺火爆炒一些菜餚時，食材剛放入鍋內，鍋的邊緣立刻會竄出許多火苗，或者在旺火中翻炒時，鍋沿也會冒出火苗，廚師把這種現象稱為「飛火」。

飛火時，廚師大多仍然烹調不止，許多人也都把這種飛火烹調當做一種高超的技藝來欣賞。但是實際從營養學的角度來看，這種飛火烹調對人體健康卻是有害的。

飛火是由兩個原因造成的：一是當菜餚剛下鍋或者是顛鍋翻炒時，有少量的油脂沾在鍋沿上，遇到爐內升騰的旺火被引燃；另一個原因是食材進入高溫油鍋後，其外表所帶的水分經高溫油的作用迅速汽化，形成一定數量的水蒸氣蒸發出來，這時有少量的油脂以微粒形式與水蒸氣一同向外逸出，遇爐內明火產生飛火。飛火烹製的菜餚常常有一些油脂燃燒後產生的焦味，這種燃燒後的殘留物被

小廚房中的大智慧
吃出健康，品出美味

人吃了以後，會對健康產生不利影響，還可能引起癌變等。飛火越嚴重，產生的殘留物就越多，對人體健康的影響就愈大。

故專家告誡：在日常烹調中，別用飛火烹調。正確的做法是勿將油脂過度加熱，如果在烹飪中出現飛火現象，應立即將鍋迅速撤離火源，蓋上鍋蓋，使之與空氣隔絕，將飛火熄滅，以防食物燒焦，危害健康。

✓ 家庭生活一點通

用燉、燜、燴等方法做菜，應使用小火和微火。例如燉雞、燉鴨、燉蹄膀，都需用小火長時間加熱，才能使之肉酥湯濃。燜、燴半菜半湯的菜餚，用文火才適合。如果火力過大，食材枯熟而無味，湯汁在大火中易燒乾，重新加水則會滋味流失。

油鹽醬醋何時放

很多家庭主婦炒菜時，油鹽醬醋都是隨手放的。其實，只要稍微研究一下它們的投放順序，不僅能夠保存食物的色香味，還會使更多營養得到保留。

1. 油

炒菜時油溫不宜太高，一旦超過180℃，油脂就會發生分解或聚合反應，產生具有強烈刺激性的丙烯醛等有害物質，危害人體健康。因此，「熱鍋涼油」是炒菜的一個訣竅。先把鍋燒熱再放油，油八成熱時就將菜入鍋炒，不要等油冒煙了才放菜。此外，有時也可以不熱鍋，直接將冷油和食物同時炒，如油炸花生米，這樣炸出來的花生米更鬆脆、香酥，避免外焦內生。用麻油或炒熟的植物油涼拌菜時，可在涼菜拌好後再加油會更清香可口。

2. 鹽

鹽是電解質，有較強的脫水作用，因此，放鹽時間應根據菜餚特點和風味而定。燉肉和炒含水分多的蔬菜時，應在菜熟至八成時放鹽，過早放鹽會導致菜中湯水過多，或使肉中的蛋白質凝固，不易燉爛。使用不同的油炒菜，放鹽的時間也有區別：用豆油和菜籽油炒菜，為了減少蔬菜中維生素的損失，應在菜快熟時加鹽；用花生油炒菜則最好先放鹽，能提高油溫，並減少油中的黃麴毒素。

3. 醬油

烹調時，高溫久煮會破壞醬油的營養成分，並失去鮮味。因此，應在即將出鍋前放醬油。炒肉片時為了使肉鮮嫩，也可將肉片先用澱粉和醬油拌一下再炒，這樣不僅不損失蛋白質，炒出來的肉也更嫩滑。

4. 醋

醋不僅可以去膻、除腥、解膩、增香，而且還能保存維生素，促進鈣、磷、鐵等溶解，提高菜餚的營養價值。做菜時放醋的最佳時間，是食材入鍋後馬上加醋或菜餚臨出鍋前加醋。

✓ 家庭生活一點通

蔬菜中所含的營養成分，大都不能耐高溫，久炒久煮損失的營養就會越多，所以在炒菜時要快速烹調。

✎ 碘鹽「炸鍋」害處多

碘是人類健康必需的微量元素，它能促進人體的生長發育，特別是對大腦和神經系統起著非常重要的作用。孕婦缺碘可能會導致新生兒出現呆小症、聾啞、智商和認知功能發展遲緩等疾病。兒童、青少年時期缺碘可能會造成智力低下、生長發育遲緩、學習成績下降等。

為避免缺碘，目前主要是在食物中加碘。這是一種最經濟、簡便、安全又有效的方法。雖然這種方法好，但如果不正確使用，仍

會造成碘的流失，失去補碘的作用。

　　碘鹽是由食鹽加入碘酸鉀製成，碘是一種不穩定的化學物質，具有揮發性，特別是遇熱極易揮發。有些人在炒菜時不注意這一點，往往在油熱後再加入食鹽「炸鍋」，認為這樣炒的菜香，卻不知這樣一來，碘在熱油中幾乎全部失去了。正確的方法應該是在菜即將出鍋時再加入碘鹽，這樣效果好，能使人體充分吸收利用碘鹽中的碘，達到補碘的目的。同時由於碘具有揮發性，碘鹽應該密封保存，以減少碘的揮發。

✓ 家庭生活一點通

　　燒豬蹄時略加一點醋，可使豬蹄中的蛋白質易於被人體吸收，並使骨細胞中的膠質分解出磷和鈣來，增加營養價值。

　　做菜時蔥薑蒜別亂放，蔥、薑、蒜、椒，人稱「調味四君子」，它們不僅能夠調味，而且能殺菌去霉，對人體健康大有裨益。但在烹調中如何投放才能更提味、更有效，卻是一門高深的學問。

1. 肉食重點多放椒

　　燒肉時宜多放一些花椒，牛肉、羊肉更應多放。花椒有助暖作用，還能夠去毒。

2. 魚類重點多放薑

　　魚腥氣大，性寒，食之不當會產生嘔吐症狀。生薑既可緩和魚

的寒性，又可解腥味，做時多放薑，可以幫助消化。

3. 貝類重點多放蔥

蔥不僅僅能夠緩解貝類（如螺、蚌、蟹等）的寒性，而且還能夠抵抗過敏。不少人食用貝類後會產生過敏性咳嗽、腹痛等症狀，烹調時就應多放一些蔥，避免過敏反應。

4. 禽肉重點多放蒜

蒜能夠提味，烹調雞、鴨、鵝肉的時候宜多放蒜，這樣能使肉更香、更好吃，也不會因為消化不良而腹瀉。

✓ 家庭生活一點通

在止痛方面，口嚼花椒能有效緩解牙痛，而將其與食鹽蒸炒後敷於腹部，又可治療因寒凝氣滯導致的痛經。

第四篇
魔法廚房，快樂健康與你同行

 廚房裡的三大「殺手」要警惕

當你為全家人精心烹製美味佳餚時，要注意潛藏在廚房裡的「殺手」，防止它們對你的健康暗下毒手。

1.「殺手」之一：一氧化碳

廚房裡的一氧化碳，主要來自於燃料未能充分燃燒及烹調產生的油煙，這是廚房空氣中的主要汙染物之一。

2.「殺手」之二：氮氧化物

以二氧化氮為例，乃是一種腐蝕劑，有刺激作用和一定的毒性。在受到二氧化氮汙染的環境中生活，吸附有這種汙染物的微粒首先侵入肺臟，並沉積於肺組織中，導致肺部病變，出現哮喘、氣管炎、肺氣腫等疾患，嚴重者會導致肺纖維化的病變。

3.「殺手」之三：油煙

煎、炒、烹、炸都會產生大量的油煙，並散布在廚房這個小小的空間內，會隨空氣侵入人體呼吸道，進而引起疾病。另外，油煙中還含有一種被稱為苯駢芘的致癌物，長期吸入這種有害物質可誘

發肺臟組織癌變。

✓ 家庭生活一點通

　　廚房要安裝抽油煙機、排氣扇或常開門窗，這樣可使油煙、一氧化碳和氮氧化物及時排出室外。另外，還要改善烹飪方法，加蓋鍋蓋，加快烹飪速度，這樣可以減少有害物質的產生。

塑膠餐具顏色別太鮮豔

　　許多塑膠餐具的表層都有漂亮的彩色圖案，如果圖案中的鉛、鎘等金屬元素含量超標，就會對人體造成損害。一般的塑膠製品表面有一層保護膜，這層保護膜一旦被硬器劃破，有害物質就會釋放出來。劣質的塑膠餐具表層往往不光滑，有害物質很容易外溢。因此，消費者應儘量選擇沒有裝飾圖案、無色無味、表面光潔、手感結實的塑膠餐具。目前市場上銷售的塑膠餐具大多為聚乙烯和聚丙烯製品，這兩種物質都可耐100℃以上的高溫，使用起來比較安全。消費者可挑選商品上標注PE(聚乙烯)和PP(聚丙烯)字樣的塑膠製品。

✓ 家庭生活一點通

如果發現家裡的塑膠食品盒發生變形、磨損、滲入油汙或難以洗淨，就應該當機立斷捨棄不用，因為食品盒中的化學成分，極有可能在受熱過程中滲入容器內的食物中，引起中毒，所以必須及時淘汰更新老化破損的食品容器。

衛生紙擦餐具越擦越髒

有些人經常會用衛生紙擦拭餐具、水果，醫學檢測顯示，許多衛生紙消毒並不完全，即使消毒較好的產品，在擺放過程中也容易被汙染。用這樣的衛生紙來擦拭碗筷或水果，並不能將物品擦拭乾淨，反而還會在擦拭的過程中帶來更多的病菌。

另外，實驗顯示，全新的抹布在家庭使用一週後，滋生在其上的細菌之多，會讓人大吃一驚。而在餐館、小吃攤，抹布的衛生情況會更差。因此，用抹布擦桌子，應當先洗淨再用，抹布每隔三、四天就應該用水煮沸消毒。當然，如果能使用一次性桌布，就可避免抹布所帶來的危害了。

CHAPTER 2

小廚房中的大智慧

吃出健康，品出美味 ⟶

✓ 家庭生活一點通

衛生紙和餐巾紙不管是生產工序還是生活用途都是有區別的，使用的時候應該分門別類，各就各位，不能亂用。特別是劣質衛生紙，充當餐巾紙使用會危害身體健康。

✐ 每炒一道菜，請刷一次鍋

烹調菜餚後，在鍋底上有一層黃棕色或黑褐色的黏滯物，如果不及時刷鍋就炒第二道菜，那麼不僅容易黏鍋底，出現「焦味」，而且對人體健康有潛在的隱患。

菜餚大多是含碳有機物，其熱解會轉化為強致癌物苯駢芘。科學研究證實，包括脂肪、蛋白質在內的含碳有機物轉化為苯駢芘的最低生成溫度為350～400℃，最適生成溫度約600～900℃。據測定，擱在爐火上無菜餚的鍋底溫度能達400℃以上，也就是說，鍋底上的殘留物質很容易轉化為苯駢芘。

鍋底的黏滯物繼續加熱，其中的苯駢芘的含量比任何煙燻烤的食物都高。尤其是烹調魚、肉之類的富含蛋白質、脂肪的菜餚時，

鍋底殘留物中的苯駢芘的濃度更高。如果不洗鍋繼續烹調菜餚，苯駢芘就會混入食物中。不僅如此，魚、肉等構成蛋白質的胺基酸如被燒焦，還會產生一種強度超過黃麴毒素的致癌物。

　　為了防止致癌物對人體的危害，應提倡「炒一道菜，刷一次鍋」，並徹底清除鍋底中的殘留物。

✓ 家庭生活一點通

　　用橘子或檸檬加入鍋內燒開水，然後用大火煮5分鐘，靜置1小時使水冷卻後，用刷子即可輕鬆清除掉沾在鍋上的汙垢。

油瓶別放瓦斯爐邊

　　為了貪圖方便，很多人都習慣把油瓶放在瓦斯爐邊上，這樣炒菜時順手就能拿到。但這麼做，卻容易使食用油變質。

　　食用油在陽光、氧氣、水分等的作用下會分解成甘油二酯、甘油一酯及相關的脂肪酸，這個過程也稱為油脂的酸敗。瓦斯爐旁的溫度高，如果長期把油瓶放在那裡，高溫環境會加速食用油的酸敗過程，使油脂的品質下降。

長期食用這樣的油，人體需要的營養得不到補充，有害物質會大量蓄積，出現「蓄積中毒效應」。油脂酸敗產物對人體有損害作用，會影響正常代謝，甚至可能導致肝臟腫大及生長發育障礙等。所以，最好把油瓶放在遠離瓦斯爐的地方。同樣的道理，油瓶長期受陽光直射也容易出問題。

✓ 家庭生活一點通

辨別油是否變質，可將油倒入鍋中加熱，品質好的油應無聲響、無泡沫、少油煙；聲響大、泡沫多的油，品質低劣、含水分、雜質多，不宜存放。如有苦辣嗆人味，說明油已酸敗，不能食用。

筷子半年換一次才能保健康

一日三餐，人們都離不了筷子，可是，你對筷子的使用究竟瞭解多少？研究顯示，洗刷過的筷子也並非「乾淨」。

一雙筷子用久了之後，表面就不再光滑，而且經常搓洗也容易使筷子變粗糙，筷子上面細小的凹槽裡就會殘留許多細菌和清潔劑，在這種情況下致病的機會很多。所以，建議您家中筷子最好半

年換一次。

由於筷子經常使用，特別是我們在洗刷筷子時往往把整把的筷子放在水龍頭下搓，筷子上極易殘留細菌、病毒。為此要定期消毒，筷子最好存放在通風乾燥的地方，以防黴菌汙染，放筷子的盒子也要定時清洗、消毒。

✓ 家庭生活一點通

究竟如何選擇既健康又實用的筷子，其實大有學問。竹筷是首選，它無毒無害，並且非常環保，還可以選擇本色的木筷。反之，塗彩漆的筷子不要使用，因為塗料中的重金屬鉛以及有機溶劑苯等物質具有致癌性，會嚴重危害人的健康。塑膠筷子質感較脆，受熱後容易變形、融化，產生對人體有害的物質，所以也不要使用。

別用廢舊書刊、報紙包食品

廢舊書刊、報紙上印滿了油墨字，而油墨中含有一種叫做多氯聯苯的有毒物質，這種物質不能被水解也不能被氧化，一旦進入人體很容易被脂肪、肝臟和腦部吸收並貯存起來，很

難排出體外。

　　進入人體的多氯聯苯會引起人體細胞的變異，破壞細胞的遺傳基因，嚴重危害下一代，還可使肝臟發生脂肪變性。據測定，每千克報紙中含多氯聯苯為0.1～1毫克。人體內貯存的多氯聯苯達到0.5～2克就會引起中毒。輕者眼皮發腫，手掌出汗，全身出疹；重者噁心嘔吐，肝功能受損，甚至導致死亡。另外，廢舊書刊、報紙上還可能沾有細菌、病毒等，用來包裝食品會汙染食品。

✓ 家庭生活一點通

　　已經用廢舊報紙包裹冬儲大白菜的朋友，請儘快把它拆掉，以免受到不必要的油墨侵害；平時要養成良好的讀報、看報姿勢，不要一邊看報紙一邊吃東西，看完報紙一定要洗手。

洗餐具最好是用白色的舊毛巾或洗淨的舊口罩。

現在，一些新型專用洗碗抹布應運而生，常見的有以下幾種。

1. 菜瓜布

菜瓜布擦洗餐具效果較好，但因其以化纖為原料，長期使用，脫落的細小纖維對人體有害。

2. 膠棉洗碗布

其紅、黃、藍色彩鮮豔的外觀引人注目。這種洗碗布看似海綿，實際上是由聚乙烯醇高分子材料構成的，更具彈性，抗腐蝕，吸水性強。

3. 純木纖維洗碗布

木纖維具有很強的親水性和排油性，使用時無須加任何洗潔精即可將餐具上的油脂擦乾淨，而且不沾油，用手稍微搓洗，便可將布上的油漬很快清洗乾淨，方便、實用，是目前一種較為理想的洗碗抹布。

✓ 家庭生活一點通

有些人買化纖絲材質洗碗布，覺得它又柔軟又耐用，其實，這是不妥的。因為它能把一些不易被人們肉眼發現的細小纖維黏在餐具上，而後隨食物進入人體胃腸內。這些工業化學纖維在腸腔黏膜上滯留，會刺激或誘發胃腸道疾病。

洗完盤子晾乾再放

小廚房中的大智慧

吃出健康，品出美味

　　美國科學家經過實驗證實，濕漉漉的盤子是細菌滋生的溫床。在人們洗好餐具，放進碗櫃之前，如果沒有經過乾燥處理的話，餐具就很可能被細菌汙染。

　　在這項實驗中，研究人員選取了100個未清洗的盤子，他們將其中的一半清洗後，讓每個盤子表面存留少量的水，再疊放起來，另外50個盤子清洗後，在空氣中乾燥24小時後再存放。最後分析發現，未經乾燥的盤子上生長的細菌數量明顯多於經過乾燥的盤子。

　　細菌喜歡在潮濕的環境中生存。如果餐具洗完後沒有晾乾，就直接收起來，再加上碗櫃內通風不好、溫度較高，就更容易滋生細菌，進而汙染食物。而在完全乾燥的環境中，細菌存活的機率會大大降低，如果將餐具充分乾燥，就不會給細菌提供生存環境了。

　　科學家們建議，在家裡，烘乾餐具最好使用消毒碗櫃更能保證衛生。如果沒有，那麼清洗完餐具後，至少也應該晾一會兒，可以準備一個餐具架，將碗和盤子垂直放置在上面。只有這樣，才能不給細菌提供生存和繁殖的環境，保證餐具的衛生和食品的安全。

✓ 家庭生活一點通

　　不要用衛生紙擦餐具，因為未消毒或消毒不徹底的衛生紙含有

大量的細菌，容易黏附到所擦拭的物品、食物上。

開水燙碗不能將病菌全部殲滅

　　現在，許多人喜歡在飯前用開水或熱水燙燙碗筷，以為這樣就可以將病菌全部殲滅。對於餐具來說，高溫煮沸確實是最常見的消毒方式，很多病菌都能透過高溫消毒的方式殺滅。

　　但是，高溫消毒要真正達到效果必須具備兩個條件，一個是要達到一定的溫度，另一個是要持續足夠的時間。腸道傳播性疾病的微生物種類很多，常引起急性腹瀉的細菌有致病性大腸桿菌、沙門氏菌、志賀氏菌等。這些細菌多數要經100℃高溫作用1～3分鐘或80℃加熱10分鐘才能死亡，加熱溫度如果是56℃，加熱30分鐘後，這些細菌仍可存活。另外，某些細菌對高熱有更強的抵抗力，如炭疽芽孢、蠟樣芽孢等。

　　所以，吃飯前用開水燙碗，因溫度不夠高和時間不夠充分，所以只能殺死極少數微生物，並不能殺死大多數致病性微生物。要想真正達到消毒除菌的效果，煮沸、流通蒸汽或使用紅外線消毒碗櫃等都是可選的方法，如果採用煮沸法，一定要多煮一會兒，才能真正達到消毒殺菌目的。

蒸汽消毒法要等水燒開後繼續燒10分鐘才有效。利用洗碗機消毒，要注意水溫應保持在85℃左右，沖洗消毒時間在40秒，這樣才能保證消毒效果。

鐵鍋炒菜可多補鐵

　　人體生長發育需要鐵元素。如果人體缺鐵，就會生病，如頭昏、眼花、四肢無力等。鐵鍋與平時吃的米、麵、蔬菜等一般都含有較多的鐵，可是，這些食物裡的鐵大多屬於有機鐵，胃腸道對它們的吸收率只有10%，而鐵鍋中的鐵屬於無機鐵，很容易被胃腸吸收，進而被身體利用。用鐵鍋做飯，可使飯裡鐵含量增多1倍；用鐵鍋燒菜，菜餚裡鐵含量增多2～3倍。

　　另外，一項研究顯示，用鐵鍋烹飪蔬菜能減少蔬菜中維生素C的損失。研究者以黃瓜、番茄、青菜、包心菜等7種新鮮蔬菜做實驗，結果發現：使用鐵鍋烹熟的菜餚，保存的維生素C含量明顯高於使用不鏽鋼鍋和不沾鍋。研究者認為，從增加人體維生素C攝取和健康考慮，應首選鐵鍋烹飪蔬菜。

家事一本就上手

鋁鍋炒菜雖也能保留較多的維生素C，但易溶出鋁離子，對健康不利，若溶出濃度超標15倍會增加失智症風險，所以，炒菜還是用鐵鍋好。

另外，要注意的是，不宜用鐵鍋煮楊梅、山楂、海棠等酸性果品。因為這些酸性果品中含有果酸，遇到鐵後會引起化學反應，產生低價鐵化合物，人吃後可能引起中毒。煮綠豆也忌用鐵鍋，因為豆皮中所含的單寧遇鐵後會發生化學反應，生成黑色的單寧鐵，並使綠豆的湯汁變為黑色，影響味道及人體的消化吸收。

✔ 家庭生活一點通

為延長鐵鍋的使用壽命，可在炒菜前將鍋反扣於火上烘烤一會兒，時間長短視火勢而定，通常在幾秒鐘或十幾秒鐘之間，然後再正放於爐上即可炒菜。

✎ 瓦斯爐，火別開得太小

瓦斯爐是一般民眾家中最常見的炊具。冬季裡，家中開窗的時間減少，家用瓦斯爐的安全性更應受到關注。

小廚房中的大智慧

吃出健康，品出美味

　　其實在生活中，只要在使用瓦斯爐時注意一些細節，就可以避免天然氣外洩引起的中毒。比如在燉菜或煲湯時，有些人喜歡把火開得很小，這樣容易引發漏氣或者不完全燃燒。另外，還要注意：

　　1.煮湯或燒水時，容器不要裝得太滿，也不能無人守候，以免火被溢出的湯、水澆滅而產生漏氣。

　　2.在使用時，應隨時留心爐火的顏色。橘黃色火苗說明燃氣燃燒不完全，在這種情況下，會釋放出一氧化碳，可以透過調節爐下方的風門來調整火焰，以藍色火苗為準。

　　3.在低溫環境下，有些瓦斯爐會出現燃燒效率不佳或不能使用的問題。這時，不要用蠟燭、打火機等熱源直接對出火口加熱，可以採用加熱棒或擋風板等較安全的方式。

　　4.在使用完畢後，應及時關閉家用瓦斯爐的開關。

✓ 家庭生活一點通

　　瓦斯爐應安裝在通風的地方，不得安裝在緊靠窗簾、傢俱、汽油、煤油等易燃物的場所或置於強風直吹的地方。

塑膠食品袋不宜反覆使用

　　日常生活中重複使用塑膠袋包裝食品是司空見慣的事，其實這種做法對健康不利。

　　包裝食品的塑膠袋通常其向外一面都印有文字或圖案。國外有學者對17種不同種類的塑膠麵包袋上的印刷部分進行了測試，每個袋子含鉛量平均為26毫克。若用弱酸溶液做提取處理，不到10分鐘即可測出，約6%的鉛已轉移到了弱酸溶液中。人們將包裝食品的包裝袋翻過來再次包裝食品，就會使印刷的文字或圖案直接接觸食品，汙染食品。

　　若食品含有弱酸性，則鉛的溶出率倍增，儘管這些鉛進入人體，短時間內不一定會對人體健康產生明顯的威脅，但鉛是一種很難排出體外的重金屬，經常接觸含鉛製品，鉛就會在體內蓄積，達到一定量就會對消化系統、神經系統及內分泌系統產生難以恢復的損傷。

　　因此，有關專家建議，食品包裝袋上的圖案應禁止用鉛印刷。人們的防範措施，則是不應將已使用過的塑膠食品袋再重複使用。

✓ 家庭生活一點通

　　黑色塑膠袋所使用的著色劑是食品包裝專用炭黑，其中通常含有一種叫做苯駢芘的化學物質。苯駢芘是一種很強的致癌物質，所以平時生活中，儘量不要使用黑色塑膠袋。

CHAPTER 3

打造真正安全的港灣

不要讓生命受到威脅

聰明過日子之 Easy Life

心不慌　手不抖

家事一本就上手

家電超過使用年限危險多

　　家用電器都有使用年限，例如電視是8～10年，電冰箱是13～16年，電腦是6年。近幾年，正進入家電報廢高峰期，每年都有一大批電視、電腦、空調等大家電報廢。但由於缺乏有效監管，大量必須淘汰的「廢家電」流入二手市場，一些不肖經銷商甚至用廢家電的零件拼裝成劣質家電，這樣不但存在安全隱患，還形成了大規模的電子垃圾汙染。

　　專家認為，舊家電超過使用年限存在很大的安全隱患。比如舊冰箱會出現冷媒外洩現象，使保鮮和殺菌效果不理想，導致食物變質；舊電視機的零件磨損、映像管老化，容易引起線路漏電或者爆炸；洗衣機的塑膠部分時間長了也會老化，導致其內部的電子零件漏電，容易使人觸電。不僅如此，這些「超齡」家電的耗電量也會增加很多，舉個例子來說，一臺空調每超過使用年限1年，耗電量就會上升10%。

　　專家提醒大家，買舊家電時，要查驗廠家、生產日期、編號等

標誌,目的是不被由舊零件拼起來的「組裝貨」所騙。

✓ 家庭生活一點通

　　洗衣機最忌倒入開水,倒入開水容易造成塑膠體或零件變形,所以使用時,應先加入冷水再加入熱水,且水溫不宜過高。

　　越來越多的電器被「請」進了臥室,生活似乎也變得更加舒適,然而這些電器的電磁波已經成為人們健康的隱形殺手。

　　據專家介紹,在家用電器中,電磁波危害較大的有電視機、電腦、組合音響、手機、電熱毯等。電磁波不僅會引起心悸、失眠、心動過緩、竇性心律不整等症狀,長期處於高頻電磁波環境中,還會使血液、淋巴液和細胞原生質發生改變,影響人體循環系統及免疫、生殖和代謝功能,嚴重時還會誘發癌症。

　　為了將這種危害降到最低,應該做到三點:一是臥室裡儘量不要放電器。即使要放,也要離床遠一些,最好在1公尺以外。睡覺時也不要把電子鬧鐘、手機等放在枕邊,手機至少要離頭部1.5公尺遠。二是購置防電磁波產品加以防護。三是電視機、音響等電器關機後要切斷電源,不要用遙控關機,使其處於待機狀態。只要做到

這些，基本上就可以避免在休息時受到電磁波的危害。

✓ 家庭生活一點通

為了節電，做飯時要充分利用電鍋的餘熱。用電鍋做飯時，在上面蓋一條毛巾可以減少熱量損失。

另外，米湯沸騰後，可利用電熱盤的餘熱將米湯蒸乾，這樣能大大節約用電。

✏ 手機電池不要等到沒電才充電

大多數人都認為手機電池的電力要全部放完再充電比較好，因為我們以前使用的充電電池大部分是鎳氫電池，而鎳氫電池的記憶效應使電池若不放完電再充，就會減少壽命。

但現在的手機大部分都用鋰電池，而鋰電池就沒有記憶效應的問題。

若還是等到完全沒電後再充的話，反而會使鋰電池內部的化學物質無法反應而減少使用壽命。最好的方法就是讓手機電量維持在40%~80%之間，這樣你的電池就可用得長久了。

電池使用時間變短時,把電池用報紙包起來,放進塑膠袋內包好,放入冰箱的冷凍庫冷凍三天,然後取出在常溫下放置兩天,再進行充電,如此可延長電池的使用壽命。

用電磁爐要注意防輻射

我們發現,電磁爐在加熱食物的過程中不可避免地會產生電磁波。雖然生活中幾乎所有電器都有輻射,但當電磁波超過人體正常負荷量時,必然會對人體造成傷害。

在使用電磁爐時,應該注意以下幾點,以減少其輻射危害。

第一,在使用時儘量和電磁爐保持距離,不要靠得過近。有調查顯示,保持40公分以上的距離較為安全。

第二,儘量減少使用時間。即使電磁爐本身輻射較小,如果長時間處於這種輻射之下,也可能會對身體造成傷害。所以大家應儘量減少與使用中的電磁爐接觸的時間。

第三,如果要較長時間地使用電磁爐(如在吃火鍋時),應盡可能選擇有金屬隔板遮蔽的電磁爐。電磁爐若放在金屬隔板下方,測

得的電磁波明顯較低；隔離設計不佳或直接把電磁爐放在桌面上，測得的輻射量則較大。因此，有金屬隔板的電磁爐會相對安全一些。

　　第四，在條件允許的情況下，可以使用防電磁波圍裙等，這類設備可以有效地阻擋輻射的侵害。

✓ 家庭生活一點通

　　使用電磁爐時，在直徑3公尺範圍內最好不要開收音機和電視機，以免電子波干擾。另外，不要靠近其他熱源和潮濕的地方，以免影響其絕緣性和正常運作。

✏ 電視、電腦不要共用插座

　　現在，各種家電充斥著每個家庭，但牆壁上只有有限的幾個電源插座，於是家裡的延長線上往往出現「插」滿為患的狀況，空調、電視、冰箱、微波爐等共用插座的現象比比皆是。這樣做也許能省出一個插座，卻存在著很大的安全隱患。

　　電器使用時，每個電器所需要的電流都要流過插座電線，而

打造真正安全的港灣
不要讓生命受到威脅

一根電線每平方毫米所流過的電流是有限的。如果同一個插座上所有電器的功率總和過大，電線就會發熱，電線外面的絕緣層就容易老化變軟。一旦電線的溫度超過了金屬的熔點，電線很快就會被燒斷，引起火災。有關專家指出，多種電器共用一個插座，尤其是高功率電器共用一個插座，會增加了電器事故發生的可能。

一般插座電線都要求能通過16安培左右的電流，而電視、電腦等電器所需要的電流都在10安培左右，所以電視、電腦不能共用插座。而空調等高功率電器不僅需要單獨的插座，插座的電線還不能太細。

✓ 家庭生活一點通

在使用電器時，應先插電源插頭，後開電器開關，用完後，應先關掉電器開關，後拔電源插頭。

別與手機親密接觸

現在使用手機的人越來越多，幾乎已是人手一機。手機在給人們帶來方便的同時，它產生的輻射也給人們的身體健康帶來嚴重的

影響，例如可能導致長期失憶、損傷睪丸細胞、女性喪失生殖能力等。

為了使手機對人體的危害降至最低，專家提議在使用手機時，應該注意以下幾點：

1. 不要在撥通瞬間接電話

手機在被撥通的一瞬間的輻射是最強的，所以鈴聲剛響的時候不要去接，響過幾聲之後再接聽；撥出電話號碼後，也不要急著把電話貼在耳朵邊，看到螢幕中的撥通信號後再說話也不遲。

2. 最好不要在車上打電話

由於車廂都是金屬外殼，所以大量的手機電磁波在車內來回反射。這些電磁波密度大大超過安全標準，嚴重影響大家的健康。

3. 手機信號弱時少聽電話

在弱信號環境下撥打手機，輻射明顯增大，人體對天線輻射的吸收也可能增加，所以，在手機信號不好的時候要儘量避免打手機。

4. 睡覺時別放枕邊

手機輻射對人的頭部危害較大，它會使人的中樞神經系統發生機能性障礙，引起頭痛、頭昏、多夢等症狀，有的還會對人的面部有刺激感。

5. 莫把手機當胸飾

研究顯示，手機掛在胸前，會對心臟和內分泌系統產生一定影

響。即使在輻射較小的待機狀態下，手機周圍的電磁波輻射也會對人體造成傷害。心臟功能不全、心律不整的人尤其要避免把手機掛在胸前。

6. 男性將手機放在褲子口袋會殺死精子

醫學專家指出，手機若常掛在人體的腰部或腹部旁，其收發信號時產生的電磁波將輻射到人體內的精子或卵子，這可能會影響使用者的生育功能。

7. 不要迷信手機防磁貼

事實上，手機的輻射源主要來自於它的天線部分，因此使用手機防磁貼也無法阻隔電磁波對人體的傷害。

8. 不要忽視充電器的輻射

經研究證明，充電器在使用的時候所產生的輻射也可能對人體造成傷害，所以，最好離充電器遠一點，電充足後，也別忘順手把插頭拔掉。

 家庭生活一點通

有人認為，手機關機以後就不會對身體造成傷害，其實不然，關機與開機一樣，都會對身體造成傷害。

 電磁爐要配什麼鍋才無害

　　無煙、無廢氣、無明火的電磁爐雖然簡單實用，但其本身存在的輻射卻讓人們在使用的時候懷有幾分畏懼。

　　防止電磁爐輻射首先要從選鍋入手。理想的電磁爐專用鍋具，應該是以鐵和鋼製品為主。因為這一類鐵磁性材料會使加熱過程中加熱負載與感應渦流相匹配，能量轉換率高，相對來說磁場外洩較少。而陶瓷鍋、鋁鍋等則達不到這樣的效果，對健康的威脅也更大一些。

✓ 家庭生活一點通

　　不要讓鍋具空燒、乾燒，以免電磁爐面板因過度受熱而裂開。使用完畢後，應把功率調至最小，關閉電源後再取下鍋具，加熱範圍圈內切忌用手直接觸摸。待電磁爐檯面完全冷卻後，方可使用少許中性洗滌劑擦拭，不要用金屬刷子刷洗，更不能用水直接沖洗電磁爐產品。

飲水機：汙染嚴重，應遠離熱源

　　飲水機不宜設置在有光線直接照射的地方，應選擇遠離熱源。

這是因為飲水瓶中有充足的氧氣，如果再加上高溫的陽光照射，微生物的繁衍會加劇。

另外，飲水機內部必須定期消毒，每次消毒後務必將消毒劑沖洗乾淨，以免消毒劑對人體產生危害。即便是清潔的環境中，空氣中也有2000個/M3左右的細菌。室內空氣中的一氧化碳、煙霧毒物以及飄塵和微生物，都能隨空氣被帶入飲水機中，汙染飲用水。這樣，水體中藻類和病菌經過一定時間的繁殖，會達到危害人體健康的濃度，導致飲水機的二次汙染。

到了夏季，隨著氣溫升高，汙染會更加嚴重。有研究顯示，一旦飲水機受到汙染，飲用水再純淨也沒有用，飲水機只有定期清洗消毒才能保障飲用衛生安全。正常情況下，瓶裝水的使用期一般為半個月左右，最佳為一個星期，最長為一個月，而飲水機的清洗消毒一般以冬季1次/月，夏季應該1～2次/月。

✓ 家庭生活一點通

家中無人或者晚上休息時，務必將飲水機電源開關關掉；桶內水用完時，應馬上換新水，否則長時間乾燒會導致飲水機裡加熱器產生的熱量不能及時散發，達到一定溫度就可能引發火災。

洗衣機用完要開著蓋子

　　勤快的女士們洗完衣服，除了把洗衣機裡外都擦乾淨，還要把洗衣機蓋子關上，甚至在外面套上一個罩子。卻不知，關上洗衣機蓋子不但不利於殘留水分的蒸發，還容易滋生黴菌，危害家人的健康。

　　人們也許沒有注意到，洗衣機的洗衣桶外面還有個套桶，洗衣水會在這兩個桶的夾層中間來回流動。夾層不容易清洗，時間長了會附著大量的汙垢，這些汙垢裡就藏著各種致病的細菌與黴菌，它們在潮濕的環境下繁殖得更快。洗衣時，黴菌孢子隨水流散布會汙染衣服並傳播到人體上，導致人們皮膚搔癢、過敏，甚至誘發皮膚炎。

　　日本大阪環境研究所對153臺家用洗衣機進行的專項檢測，證實了洗衣機是黴菌的滋生地：當水被注入洗衣機桶內15分鐘後，每公升水中的黴菌數最多達到4566個；新洗衣機用過5個月後，內桶裡的黴菌開始明顯增多，並寄生在夾層中的汙垢內；洗衣後開蓋放置的洗衣機比不開蓋的黴菌數量少40%。

　　因此，洗衣機洗完衣服後應該開著蓋子。頂部開門的波輪洗衣機要用乾布將裡面的水擦乾，側開門的滾筒洗衣機還要把鑲嵌在門

口的墊圈中的水擦乾。不用的時候，應該把過濾袋摘下來，晾在外面充分乾燥。

 家庭生活一點通

　　洗衣機是幫助人們做好家務的好幫手。然而，日本研究人員發現，洗衣機其實有點髒，近幾年皮膚發炎、皮膚過敏人數增多，都與洗衣機有很大的關係，所以洗衣機槽最好要3個月清洗一次。

微波爐向這些東西說「不」

　　微波爐是一種高效節能的炊事用具，不但操作簡便，節省時間，而且避免了煙熏火燎。但是微波爐也不是盡善盡美，為了安全、衛生，下面這些東西是不能用微波爐加熱的。

1. 忌將肉類加熱至半熟後再用微波爐加熱

　　因為在半熟的食品中細菌仍會生長，第二次再用微波爐加熱時，由於時間短，不可能將細菌全殺死。冰凍肉類食品須先在微波爐中解凍，然後再加熱為熟食。

2. 忌再冷凍經微波爐解凍過的肉類

因為肉類在微波爐中解凍後，實際上已將外面一層低溫加熱了，在此溫度下細菌是可以繁殖的，雖再冷凍可使其繁殖停止，卻不能將活菌殺死。

3. 忌油炸食品

因高溫油會發生飛濺導致火災，如萬一不慎引起爐內起火時，切忌打開，而應先關閉電源，待火熄滅後再打開降溫。

4. 忌超時加熱

食品放入微波爐解凍或加熱，若忘記取出，如果時間超過2小時，則應丟掉不宜食用，以免引起食物中毒。

5. 忌用普通塑膠容器

使用專門的微波爐器皿盛裝食物放入微波爐中加熱，一是熱的食物會使塑膠容器變形，二是普通塑膠會釋出有毒物質，汙染食物，危害人體健康。

6. 忌用金屬器皿

因為微波爐在加熱時會與放入爐內的鐵、鋁、不鏽鋼、搪瓷等器皿產生電火花並反射微波，既損傷爐體又不容易加熱食物。

7. 忌使用封閉容器

加熱液體時應使用廣口容器，因為在封閉容器內食物加熱產生的熱量不容易散發，會使容器內壓力過高，易引起爆破事故。即使在煎煮帶殼食物時，也要事先用針或筷子將殼刺破，以免加熱後引

起爆裂、飛濺弄髒爐壁,或者濺出傷人。

✓ 家庭生活一點通

　　把蔬菜以小功率加熱至表皮收縮成乾癟狀而略軟,用塑膠袋包裝後密封保存,經浸泡後即可烹飪食用,這樣就可以吃到過季的蔬菜了。

　　日本國立環境研究所最新進行的一項研究顯示,電視機會產生高濃度的戴奧辛和其他有毒物質。這些劇毒化學物主要是電視機內的阻燃物在高溫時裂變、分解而產生的。戴奧辛具有強烈致癌特點,還會引發心血管病、免疫功能受損、內分泌失調、流產或精子異常等。電視機內積聚的灰塵還會不斷向外擴散,形成可吸入顆粒物,對人體健康危害很大。

　　所以,看電視時最好每隔1小時進行一次10分鐘左右的通風換氣,這樣可有效降低可吸入顆粒物和戴奧辛的濃度。電視機使用一段時間後,最好請專業人士來家裡進行除塵處理,也可用小型吸塵

心不慌　手不抖

家事 一本 就上手

器對著散熱孔簡單除塵。另外，空氣淨化器對清除可吸入顆粒物效果也非常好，最好選擇液晶等環保型電視機。

此外，看電視時應該坐在電視的正前方，最佳距離是電視畫面對角線長度的6至8倍。看完電視後用溫水清洗裸露的皮膚。不要邊看電視邊吃飯，因為戴奧辛對食物有極強的吸附能力。

✓ 家庭生活一點通

家長過早讓孩子接觸電視會損害兒童的視力、聽力。其次，電視不會造就神童，電視畫面難以重複刺激嬰幼兒的腦細胞，反而會令嬰幼兒的腦神經迴路產生異常，所以父母不要讓嬰幼兒常看電視。

電腦最好放在窗戶邊

人們在使用電腦時，處於近距離視物狀態，很容易令眼肌疲勞，因此需要經常遠眺以改變這種狀態。如果電腦緊貼牆壁擺放，使用者抬起頭時，映入眼簾的就是一堵牆，這種情況下，眼睛不但無法得到良好的調節和放鬆，還會加重視神經的緊張和疲勞，長此

以往會導致近視，或使近視程度進一步加深。

　　不僅如此，長時間近距離視物，還會導致大腦不斷接收到緊張信號，令人們出現頭昏腦脹、疲勞、焦慮等一系列不適的症狀。

　　專家建議，電腦最好擺放在窗戶邊，螢幕和牆壁之間的距離最好在1公尺以上。如果必須把電腦靠牆壁放置，不妨在後面的牆壁上貼一些綠色或藍色的畫（如森林或大海），這些冷色調的牆紙進入視線，傳遞到大腦後，可以使情緒得到鎮靜，並有效地緩解焦慮和疲勞症狀，使人心境變得開闊。

✓ 家庭生活一點通

　　臨睡前使用電腦，可能給睡眠帶來不良影響。睡前使用電腦能使體溫升高，破壞體溫變化規律。在使用電腦的過程中，明亮的顯示螢幕，程式的活動，都對眼睛和神經系統有強烈的刺激，使體溫處於相對較高的狀態。中樞神經晝夜溫差小，睡眠品質自然也就差了。

 用電腦每分鐘最好眨眼20次

　　長期使用電腦的人普遍患有乾眼症，即容易眼乾、眼紅和疲

心不慌　手不抖

家事一本就上手

倦。專家認為這與使用電腦時眨眼次數不足有密切的關係。

　　當人們注視螢幕時，眨眼次數會在無形中減少，由每分鐘眨眼20～25次，減少至5～10次，進而減少了眼內潤滑劑——淚液的分泌。同時，眼球長時間暴露在空氣中，使水分蒸發過快，造成眼睛乾澀不適。長期如此，就容易造成乾眼症，嚴重的甚至會損傷角膜。

　　專家的建議是：多眨眼，每隔一小時至少休息一次。

✓ 家庭生活一點通

　　長時間對著電腦不利於眼睛的健康，專家建議：每天喝「四杯茶」，不僅可以減少輻射，還有益於保護眼睛。

早晨起床後發現脖子僵硬疼痛，不能轉動，這多半是由於睡覺姿勢不良造成的。太軟的枕頭和床墊會造成頸背部肌肉持續緊張，刺激神經而產生疼痛，治療的關鍵在於肌肉的徹底放鬆。

急救方案：

1.淋浴5分鐘，要使熱水直接落在頸部和背部，可以促進血液循環，緩解肌肉緊張，減輕疼痛。

2.將下巴頂在前胸，持續一會，然後頭向後仰，眼向上看，持續一會頭再向前伸。最後向兩邊輕輕轉動脖子數次，這套動作對輕微的落枕很有效。

✓ 家庭生活一點通

過軟的床鋪睡久了會使人的體形畸變，如彎腰駝背等。小孩及青少年尤其不宜睡過軟的床鋪。

床鋪的硬度，從保健角度看，以在木板床上鋪兩床棉絮的軟硬度為宜，冬季可稍加一些墊褥。

用冷毛巾救洗澡時出現的不適症

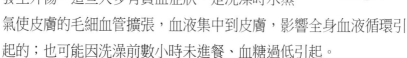

　　洗澡是一件十分舒服的事，它可以消除疲勞，增進健康。但是，有的人在洗澡時常會出現心慌、頭暈、四肢乏力等現象，嚴重時會跌倒，發生外傷。這些人多有貧血症狀，是洗澡時水蒸氣使皮膚的毛細血管擴張，血液集中到皮膚，影響全身血液循環引起的；也可能因洗澡前數小時未進餐、血糖過低引起。

　　急救措施：萬一出現這種情況不必驚慌，只要立即離開浴室躺下，並喝一杯熱水，慢慢就會恢復正常。如果較嚴重，可取平臥位，最好用身邊可取到的書、衣服等把腿墊高。待稍微好一點後，應把窗戶打開通風，用冷毛巾擦身體，從顏面擦到腳趾，然後穿上衣服，頭向窗戶，就能恢復。

✓ 家庭生活一點通

打造真正安全的港灣
不要讓生命受到威脅

為了防止洗澡時出現不適，我們應該做好以下工作：

1.平時注意鍛鍊身體，增強體質，穩定身體神經調節功能。

2.洗澡時忌吸菸，洗完之後立即離開浴室。

3.為防止洗澡時出現不適，應縮短洗澡時間或間斷洗澡。另外，洗澡前喝一杯溫熱的糖。

4.為了預防洗澡時突然昏倒，浴室內要安裝抽風扇，這樣可保持室內空氣新鮮。

5.有心絞痛、心肌梗塞等心臟病的患者應避免洗澡時間過長。

流鼻血時捏鼻子5分鐘

鼻子由鼻中隔分為前後兩部分，前部聚集了大量毛細血管，是最常見的出血處。而掩蓋鼻子嗅覺神經的鼻膜脆弱易傷，遇到乾燥的天氣，或碰傷如挖鼻孔、揉擦鼻子、經常擤鼻子或打噴嚏，都可能令鼻膜受損導致流鼻血。

一般來說，流鼻血的症狀都相當輕微，可自行急救或找人幫助，方式如下：

1.坐下並鬆開圍在頸項上的衣物。

2.稍向前傾，不要仰頭，應任由鼻血從鼻腔流出，而非倒流入

咽喉。

　　3.用嘴呼吸，緊捏鼻梁部位約5分鐘。四分半鐘後若鼻腔止血，便可放鬆鼻梁，否則應繼續捏緊鼻梁。

　　5.鼻腔止血後，繼續以口呼吸，4小時內不要擤鼻子或嘗試清除鼻腔內的血塊。

　　如果這樣仍然無法使出血得到控制，出血持續超過20分鐘，或鼻子遭撞擊受傷，出現移位、腫脹或變色等症狀時，應立即就醫。

　　為了避免鼻子因乾燥而流鼻血，平時應保持鼻孔的濕度，多喝水，或按需要在鼻孔裡塗用凡士林等潤滑劑，都能緩解乾燥引起的鼻出血。冬天家裡暖氣很熱時，也應在暖氣旁邊放一杯或一盆清水，保持室內濕度。

✓ 家庭生活一點通

　　如果老年人鼻部反覆地大量出血，會使血管受到嚴重傷害，甚至威脅生命。所以，老年人鼻出血要立即送往醫院，不能拖延。

家人噎食自有辦法

打造眞正安全的港灣
不要讓生命受到威脅

有80%的人噎食發生在家中，病情急重。搶救噎食能否成功，關鍵在於是否及時識別診斷，是否分秒必爭地進行就地搶救。如搶救得當，可使50%的病人脫離危險。

美國醫生哈姆立克發明了一種簡便易行、人人都能掌握的「哈姆立克急救法」。其具體操作方法是：意識尚清醒的病人可採用立位或坐位，搶救者站在病人背後，雙臂環抱病人，一手握拳，使拇指掌關節突出點頂住病人腹部正中線臍上部位，另一隻手的手掌壓在拳頭上，連續快速向內、向上推壓衝擊6～10次(注意不要傷及肋骨)。

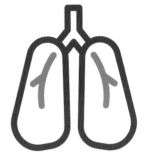

昏迷倒地的病人採用仰臥位，搶救者騎跨在病人髖部，按上法推壓衝擊臍上部位。這樣衝擊上腹部，突然增大了腹內壓力，可以抬高膈肌，使氣道瞬間壓力迅速加大，肺內空氣被迫排出，使阻塞氣管的食物(或其他異物)上移並被驅出。這一急救法又被稱為「腹部壓擠法」。如果無效，隔幾秒鐘後，可重複操作一次，造成人為的咳嗽，將堵塞的食物團塊衝出氣道。

此法還可以用來自救。如果發生食物阻塞氣管時，旁邊無人，或即使有人，病人往往已無法開口說話呼救，病人必須迅速利用兩、三分鐘左右神志尚清醒的時間自救。此時可自己取立位姿勢，下巴抬起，使氣管變直，然後將腹部上端(劍突下，俗稱心窩部)靠

在一張椅子的背部頂端或桌子的邊緣，或陽臺欄杆轉角，對胸腔上方猛力施加壓力，也會得到同樣的效果出。

 家庭生活一點通

老年人預防噎食，除了及時治療各種誘因疾病之外，還應注意做到「四宜」：食物宜軟、進食宜慢、飲酒宜少、心宜平靜。

異物卡在咽部不要亂捅亂撥

異物卡在咽部時，應立即停止進食，並儘量減少吞嚥動作，用手指或筷子刺激咽後壁誘發嘔吐動作，以幫助排除咽部異物。若此法無效，救助者可令患者張大口腔，以手電筒或檯燈照亮口腔內部，用筷子或勺柄將舌面稍用力向下壓，同時讓患者發「啊」聲，即可清晰看到咽部的全部情況，若發現異物，可用長鑷子或筷子夾住異物，輕輕地撥出即可。對於位置較深、探查撥出困難的異物，不要亂捅亂撥，避免發生新的創傷，應立即去醫院，交由醫生處置。

打造眞正安全的港灣

不要讓生命受到威脅 ————————→

✓ 家庭生活一點通

　　魚刺卡在咽部時，不要試圖用吞嚥飯團、饅頭等辦法把魚刺吞下去，這樣做不僅難以吞下魚刺，反而會使魚刺越扎越深。

　　日常生活中，扎到刺的事情很常見，此時，不要急於拔出，稍不留神，容易將露在外面的一截刺弄斷，反而會使它越陷越深。其實，只要掌握合適的方法，就能順利地除掉刺。

　　竹、木類的刺，例如免洗筷、牙籤等，扎入肉中，可用微火燒縫衣針，待冷卻後，輕輕地挑開刺周圍小面積的表皮組織，再用鑷子夾住刺頭迅速拔出，最後可擦消炎止痛的藥膏。

　　當竹、木類刺進肉裡較深處時，可先在有刺處滴幾滴芝麻油，過一段時間，刺會突出，再用鑷子去除。

　　如果魚刺扎進肉中，可用棉花淋上陳醋敷。在有刺的部位，用紗布貼幾分鐘，魚刺就容易軟化，輕拔就可以將刺除掉。

　　如果仙人掌刺扎進肉中，可用膠布貼敷，用吹風機吹一會，然

後快速揭去膠布，刺可去除。

　　如果刺扎進指甲縫，將甘草用水浸泡變軟，然後貼敷在被刺部，刺自然冒起，再用鑷子夾出。

✓ 家庭生活一點通

　　手指如果被刀劃傷，且傷勢並不嚴重，可在清洗之後，以OK繃敷於傷口。不主張在傷口上塗抹紅藥水或止血粉之類的藥物，只要保持傷口乾淨即可。

小蟲鑽進耳朵裡不用慌

　　春天，氣候逐漸轉暖，萬物復甦，小飛蟲也多了起來，耳鼻喉門診接診了許多因飛蟲入耳的病人。醫生提醒：小飛蟲飛進耳朵後亂掏最有可能損害聽力。

　　人的外耳道是一條一端開口的管道，長約2.5至3公分。許多小蟲尤其是小飛蛾、蚊子容易飛進耳朵裡，小蟲在耳道內爬行、騷動、掙扎，由於耳道裡的肉皮比較嬌嫩，神經分布多，會覺得耳朵又癢又痛。

這些蟲子在耳道內爬行或飛動搗亂時，往往會給人們帶來難以忍受的轟隆耳鳴聲和疼痛。當飛蟲觸及耳道深處的鼓膜時，還會引起頭暈、噁心、嘔吐等症狀。如果你不斷地觸動耳道或耳廓，只會使耳道內的蟲子亂飛亂爬，更增加痛苦。嚴重會引起鼓膜外傷，損壞聽小骨，影響聽力。

如果小飛蟲飛進耳朵裡，不妨利用某些小蟲趨光性的生物特點，可以在暗處用手電筒的光照射外耳道口，小蟲見到亮光後會自己爬出來，也可向耳朵裡吹一口香菸，把小蟲嗆出來。

如果上述方法無法奏效，可側臥使患耳向上，而向後耳內滴入數滴食用油，將蟲子黏住或殺死、悶死。當耳內的蟲子停止掙扎時，再用溫水沖洗耳道將蟲子沖出。油的目的是把小蟲淹死，即使不死也使其動彈不得，可以減少些痛苦，然後可以從容地去醫院耳鼻喉科，讓醫生幫忙。

✓ 家庭生活一點通

小蟲飛進耳朵後千萬不可用掏耳棒亂掏，你一掏，小蟲受到刺激就會向裡飛，這樣更容易損傷耳膜。

扭傷，要沉著應對

關節沒有充分準備時，過猛的扭轉，超過其正常的活動範圍，撕裂附著在關節外面的關節囊、韌帶及肌腱，就是扭傷，俗話稱為「筋傷」。扭傷的常見症狀有疼痛、腫脹、關節活動不利等，痛是必然出現的症狀，腫及皮膚青紫、關節不能轉動，都是扭傷常見的臨床表現。扭傷後不要慌，應該沉著應對。

1. 在運動中扭傷手指

最常見於打籃球爭球時，末節手指觸球的瞬間，有觸電樣的疼痛而突然停止活動。傷後應立即停止運動，首先是冰敷，最好用冰塊。但沒有冰塊時，可用冰水代替。將手指泡在冰水中冷敷15分鐘左右，然後用布包敷。再用膠布把手指固定在伸直位置。檢查手指的活動度，如果手指的伸直彎曲都受限或者末節手指呈下垂樣，可能是發生了撕裂性骨折，一定要去醫院診治。

2. 踝關節扭傷

急救時可以用毛巾包裹冰塊外敷局部，48小時後可以用熱毛巾外敷(皮膚破損不嚴重時可用)。首先是要休息，用枕頭把小腿墊高，促進靜脈循環，使淤血消散。另外可用茶水、黃酒、蛋清等調敷雲南白藥、七釐散等，2～3次/日敷傷處，外加包紮，促進淤血消散，有較好的效果。

3. 腰部扭傷

見於突然的轉身或二人抬物時的用力不均，其治療要點也是要靜養。應在局部作冷敷，儘量採取舒服體位，或者側臥，或者仰平臥屈曲，膝下墊上毛毯之類的物品。止痛後，最好是到醫院治療。

✓ 家庭生活一點通

　　腰扭傷者最好睡硬板床，紮寬腰帶，並鍛鍊腰背肌。切忌在扭傷的恢復期仍然不休息，並有較多活動，造成軟組織得不到修復時間，新傷變成陳傷，局部持續疼痛、淤腫不退。

✏️ 一氧化碳中毒，家庭急救「四步驟」

　　當一氧化碳吸入人體後，與血液內的血紅蛋白結合成碳氧血紅蛋白，且不易解離，導致人體缺氧而發生中毒。輕度中毒病人意識尚清楚，表現為頭暈、頭痛、噁心、嘔吐、心悸等症狀；中度中毒者併發有神志不清、皮膚黏膜呈櫻桃紅色改變；重者出現昏迷、休克，危及生命。

　　由於一氧化碳中毒的程度，與病人在中毒環境中所處時間長

短，及空氣中毒氣濃度的高低有密切關係，所以，當發現家庭發生瓦斯中毒時，應當分秒必爭地進行搶救。家庭急救要做到井然有序，並按照以下4個步驟進行：

1.打開門窗將病人從房中搬出，搬到空氣新鮮、流通而溫暖的地方，同時關閉瓦斯開關。

2.檢查病人的呼吸道是否暢通，發現鼻、口中有嘔吐物、分泌物應立即清除，使病人自主呼吸。對呼吸淺表者或呼吸停止者，要立即進行口對口呼吸。方法是：讓病人仰臥，解開衣領和緊身衣服，搶救者一手緊捏病人的鼻孔，另一手托起病人下頜，使其頭部充分後仰，並用這只手翻開病人嘴唇，搶救者吸足一口氣，對準病人嘴部大口吹氣。吹氣停止後，立即放鬆捏鼻的手，讓氣體從病人的肺部排出。如此反覆進行，頻率為成人每分鐘14至16次，兒童18至24次，幼兒30次，直到病人出現自主呼吸。

3.給病人蓋上大衣或毛毯、棉被，防止受寒發生感冒、肺炎。可用手掌按摩病人軀體，在腳和下肢放置熱水袋，促進吸入毒物的消除。

4.對昏迷不醒者，可以手指尖用力掐人中(鼻唇溝上1/3與下2/3交界處)、十宣(兩手十指尖端，距指甲約0.1寸處)等穴位；意識清醒的病人，可飲濃茶水或熱咖啡。一般輕症中毒病人，經過上述處理，都能逐漸使症狀消失。

對於中毒程度重的病人，在經過上述處理後，應儘快送往醫院，並應注意在運送病人途中不可中斷搶救措施。

沉著應對突發心肌梗塞

急性心肌梗塞是由於冠狀動脈粥狀硬化、血栓形成或冠狀動脈持續痙攣，導致冠狀動脈或分支閉塞，最終心肌因持久缺血缺氧而發生壞死。

此病多見於老年人，是一種突發而危險的急病，但在發病前多會出現各種前兆症狀。如自覺心前區悶脹不適、鈍痛，鈍痛有時向手臂或頸部放射，伴有噁心、嘔吐、氣促及出冷汗等。此時要立刻停止體力活動，平息激動的情緒以減輕心肌耗氧量，同時口服硝酸甘油片或亞硝酸異戊酯等速效血管擴張劑，部分病人可避免心肌梗塞的發生。

當急性心肌梗塞發生時，患者自覺胸骨下或心前區劇烈而持久的疼痛，有些患者無劇烈胸痛感覺，或由於心肌下壁缺血表現為突發性上腹部劇烈疼痛，但其他症狀會表現更加嚴重，休息和服用速

效血管擴張劑也不能緩解疼痛。若身邊無救助者，患者本人應立即呼救，撥通119急救電話或附近醫院電話。在救援到來之前，可深呼吸然後用力咳嗽，其所產生胸壓和震動，與心肺復甦中的胸外心臟按壓效果相同，此時用力咳嗽可為後續治療贏得時間，是有效的自救方法。

醫學統計資料顯示，心肌梗塞發生的最初幾小時是最危險的時期，大約有三分之二的患者在未就醫之前死亡。而此時慌亂搬動病人、背負或攙扶病人勉強行走去醫院，都會加重心臟負擔使心肌梗塞的範圍擴大，甚至導致病人死亡。

因此，急救時患者保持鎮定的情緒十分重要，家人或救助者更不要驚慌，應就地搶救，讓病人慢慢躺下休息，儘量減少其不必要的移動，並立即給予10毫克安定口服，同時呼叫救護車或醫生前來搶救。

在等待期間，如病人出現面色蒼白、手足濕冷、心跳加快等情況，多表示已發生休克，此時可使病人平臥，足部稍墊高，去掉枕頭以改善大腦缺血狀況。如病人已昏迷、心臟突然停止跳動，家人不可將其抱起晃動呼喊叫喚，而應立即捶擊心前區使之復跳的急救措施。

若無效，則立即進行胸外心臟按壓和口對口人工呼吸，直至醫生到來。

打造眞正安全的港灣

不要讓生命受到威脅 ──────────→

✓ 家庭生活一點通

　　冠心病、心絞痛患者或者冠心病之高危險群，要盡力預防心肌梗塞的發生，在日常生活中要注意保持心情愉快，絕對不搬抬過重的物品，還要注意天氣的變化、適時保護自己。

　　小腿抽筋時，用力伸直，用手扳腳拇指，並按摩抽筋部位，或者把腳跟使勁往前蹬，腳尖儘量往回勾，這樣即可治療腿抽筋。除了這種方法外，還可以嘗試以下幾種方法：

1.赤腳立地數秒，或用拇指按揉承山穴，抽筋即可消除。

2.每晚睡覺時，腳下墊一顆枕頭，腿就不易抽筋。

3.腿抽筋時，可立即用拇指和食指捏住上唇中央的人中穴20
　～30秒鐘，可使肌肉鬆弛，抽筋消除。

4.常喝骨頭湯預防效果好。

5.用萬金油用力摩擦抽筋部位，5分鐘後可見效。

✓ **家庭生活一點通**

　　腿經常抽筋說明身體缺鈣，所以平時應多吃一些高鈣食物，如豆腐、莧菜、牛奶等。

✎ 中暑有先兆，急救措施多

　　當人在高溫(一般指室溫超過35℃)環境中，或炎夏烈日曝晒下從事一定時間的勞動，且無足夠的防暑降溫措施，體內積蓄的熱量不能向外散發，以致體溫調節發生障礙，如過多出汗，身體失去大量水分和鹽分，這時就很容易引起中暑。在同樣的氣溫條件下，如伴有高濕度和氣流靜止，更容易引起中暑。此外，帶病工作、過度疲勞、睡眠不足、精神緊張也是高溫中暑的常見誘因。

　　中暑發病急驟，大多數患者有頭暈、眼花、頭痛、噁心、胸悶、煩躁等前兆。

　　中暑治療效果最主要取決於搶救是否及時，如能及時發現及治療，完全可以防止中暑的發生及發展。那麼，一旦中暑應採取哪些急救措施呢？

　　首先應將患者迅速搬離高溫環境，到通風良好而陰涼的地方，解開患者衣服，用冷水擦拭其面部和全身，尤其是大血管分布的部位，如頸部、腋下及腹股溝，可以加置冰袋。讓患者補充淡鹽水或

含鹽的清涼飲料，或用電扇向患者吹風，或將患者放置在空調房間(溫度不宜太低，保持在22℃～25℃)。

同時用力按摩患者的四肢，以防止血液循環停滯。

當患者清醒後，給患者喝些涼開水，同時服用防暑藥品。對於重度中暑者，除立即把其從高溫環境中轉移到陰涼通風處外，還應將患者迅速送往醫院進行搶救，以免發生生命危險。

✓ 家庭生活一點通

在高溫季節，並且大量出汗的情況下，適當飲用淡鹽水或鹽茶水，可以補充體內失掉的鹽分，達到防暑的目的。另外，高溫作業者要進行體檢，凡是患有心血管病、持續性高血壓、活動性肺結核、潰瘍病等疾病者，應脫離高溫環境工作崗位。

聰明
過日子之

Easy Life

心不慌　手不抖

家事就一本上手

CHAPTER 4

休閒娛樂金點子

養花、寵物or旅遊

心不慌 手不抖

家事一本就上手

第一篇
栽花種草，讓心靈與環境共同美化

 養花浪漫又健康

養花既可美化環境，又能增加生活情趣。我們與優美、芬芳、安靜的花卉一起生活，皮膚溫度可降低1℃～2℃，脈搏每分鐘減少4～8次。呼吸慢而均勻，血流減慢，心臟負擔減輕。嗅覺、聽覺和思維活動的靈敏性得到增強。實驗證明，有花卉生長的地段，空氣中的負離子累積較多，有利於高血壓、神經衰弱、心臟病患者康復。

另外，綠色的花葉能吸收陽光中的紫外線，可減少對眼睛的刺激，因此對眼睛有保護作用，尤其是對色盲患者更加有益。花木所散發出的大量烯類物質，還可使太陽光發生散射，給人舒暢的感覺。有些花木本身即是中草藥，其散發的芬多精能改善消除人體循環系統疾病。

在庭院裡栽種一些樹木花草，室內擺放幾盆花草，對於改善家庭衛生狀況、促進人的身體健康是十分有益的。

✓ 家庭生活一點通

綠色植物在暗處進行呼吸時，需要吸入氧氣，排出二氧化碳。如果室內擺放大量花草，特別是夜間，就會釋放出較多的二氧化碳，造成室內氧氣不足，不但達不到淨化空氣的作用，反而會影響人體健康。特別是冠心病、肺心症、高血壓等患者，可能會出現胸悶、憋氣症狀，甚至導致舊病發作。所以，臥室內不宜擺放太多的花草，一般12～15平方公尺的房間，不得超過5～6盆。

 ## 花的絢麗，全靠水的滋潤

許多養花愛好者「有心栽花花不發」，其中的一個原因就是澆水不當。所以合理的澆水是養花成敗的關鍵。替花卉澆水應採用以下方法：

1. 繩吸澆水法

栽花或移花時，在花盆底部埋一條吸水性好的繩子，使繩的一端散開在花盆的底部，另一端從排水孔裡伸出來，放在花盆下面的墊盆裡。當盆土乾時，只要往墊盆裡注水，利用毛細管作用，水分便會由繩子自動帶入盆裡。

2. 從花盆的上方澆水

就是將水直接噴灑在花卉的枝、葉、冠上。這種澆水方法不宜陰天進行，因為從花盆上方澆水，如果沒有足夠的陽光把花葉上的水分晒乾，那麼，花的冠部就會變濕，土壤表面也會發霉。

3. 把水倒進放有花盆的墊盆裡

這種方法不宜長期單獨採用，花直接從墊盆裡吸收水分，會導致土壤裡的肥料、鹽分上升，累積在土壤表面和花盆邊緣上，這樣會傷及附近的花莖和花葉。所以，最好用從花盆的上方澆水的方法與這種澆水方法配合使用。

4. 花盆徹底浸泡在一桶微溫的水裡

這種方法費時、費力，但偶爾採用會使大多數花卉得到額外的益處。採用這種方法一定要讓水桶中的水漫過花盆的土表面。

無論採用哪種方法給室內花卉澆水，都要澆徹底，即澆「透」。這樣可以使花盆深處的土壤和所有花根都能得到水分。

✓ 家庭生活一點通

在城市裡，澆花多用自來水。但自來水中化學藥劑含量比較高，所以用其澆水要存放一兩天再用。另外，若在自來水中放幾片維生素C可消除水中的氯氣，一般一盆水加一片，放半天時間即可澆花。

休閒娛樂金點子

養花、寵物 or 旅遊

 讓花兒按時進餐

　　據研究，不同元素對不同花卉品種有著不同的影響，若花卉缺某種元素，花色就會變得不鮮豔。所以巧施肥料，合理供給不同花卉所需要的營養元素，會使你的花兒更加鮮豔悅目。

1. 施足磷、鉀肥

　　磷、鉀肥對冷色系花卉顏色有較大的影響。藍色系花卉增施鉀肥，可使藍色更藍，且不易褪色。

2. 要適量上些氮肥

　　氮是顯色高分子化合物的主要組成成分，還能促進花卉葉片生長。但是若施氮肥過多，則會使植株徒長，影響開花，紅色系花卉的顏色還會褪淡，只有供氮適量，紅色才會更鮮豔奪目。

3. 噴施微肥

　　微肥營養元素包括鎂、鐵、錳、鉬、銅，均參與花卉顯色化合物的合成過程，當花卉缺鐵、錳元素時，開紅色花的花卉，其紅色就會變得要紅不紅，鮮豔時間不長，還易褪色。在蕾期噴施或根施0.5%硫酸亞鐵和硫酸錳，則紅色鮮紅，時間延長，不易褪色。

　　鎂、鉬、銅元素對冷色花系的顏色影響也很大，一旦缺少，冷

185

色花系的顏色會變灰或變白，顯得很難看。如黃月季，在孕蕾期噴施0.1％鉬酸銨和0.02％的硫酸銅，開花後，其花色就會變得光亮、透黃、悅目。

✓ 家庭生活一點通

在居室內養一株百里香是很好的選擇。百里香全株的香氣都很濃郁，除了富含大量香味外，還具有抗菌功能，適合用來搭配魚、肉等食用。

莫讓蟲兒上枝頭

病蟲害的防治首先要從加強栽培管理，提高花卉本身的抗病蟲害能力入手，要及時發現及時處理。下面是幾種常見蟲害的家庭處理方法，供您參考。

1. 蚜蟲

把蔥或蒜切成小段，並搗碎，然後把它們放在玻璃杯水中保存一晝夜，然後往花上澆、刷幾次。

2. 紅蜘蛛

用600克新鮮的或者300克乾的馬鈴薯莖葉浸泡在水中4小時，過濾後噴灑受害植物，但有些植物不能使用這種溶液防治，如仙人掌以及絨毛狀植物。

3. 圓蚧

圓蚧是一種具有刺吸式口器的害蟲。幼蟲在植物體上爬行，成蟲或幼蟲吸吮植物汁液，受害植物葉黃，枝條變形而失去觀賞價值。有些蚧蟲會分泌一種蜜香味黏液，招引真菌定居，覆蓋植物體成黑色。防治圓蚧可以取一塊肥皂溶解後，以1：60比例加水，冷卻後噴灑。

✓ 家庭生活一點通

替花澆水，春夏秋季在上午10點前，冬季在午後2點，另外，在溫度較高的季節裡，午後4點看盆土乾濕，酌情補澆適量的水，以保持盆土適度濕潤。

有些植物是不適合養在室內的，愛花的你要注意了！

1. 帶有毒素的花卉

如仙人掌科、含羞草、一品紅、夾竹桃、黃杜鵑和狀元紅等絕對不能在室內擺放。經植物學家測定：這些花都含有一些有毒的酶，其莖葉汁液觸及皮膚，有強烈的刺激性。若嬰兒誤咬一口，會引起咽喉水腫，甚至使聲帶麻痹失聲。

2. 帶有某種異味或濃烈香味的花卉

如松柏類，會分泌脂類物質，散發出較濃的松香油味，久聞會導致食欲下降或噁心。牡丹的沉鬱異味，會使人精神萎靡，乏力氣喘。夜來香、鬱金香的香味濃烈，長時間處在這種氣味中，令人難以忍受。

3. 含有致癌物質的花卉

如鐵海棠、紅背桂花、變葉木、霸王鞭等一些具有觀賞性的花卉，均含有致癌物質，會誘發鼻咽癌和食道癌。

4. 會使人產生過敏反應的花卉

如月季、玉丁香、五色梅、浮繡球、天竺葵、紫荊花等均有致敏性，如碰觸撫摸它們，往往會引起皮膚過敏，重則出現紅疹，奇癢難忍。

✓ 家庭生活一點通

能淨化室內環境的花草有：蘆薈、吊蘭和虎尾蘭，可清除甲

醛；月季能較多地吸收硫化氫、苯等有害氣體；紫藤對二氧化硫、氯氣的抗性較強；常青藤、月季、薔薇和萬年青可有效清除三氧乙烯、乙醚、苯等。

為花兒診斷病情

花卉如果營養缺乏，會出現許多徵兆。

1. 缺鈣

頂芽容易死亡，葉尖、葉緣枯死，葉尖常彎曲成鉤狀，根系也會壞死，嚴重時則全株枯死。

2. 缺鐵

新葉葉肉變黃，但大葉保持綠色。

3. 缺鉀

老葉出現黃、棕、紫等色斑，葉子由邊緣向中心黃化，葉枯後容易脫落。

4. 缺鎂

老葉逐漸變黃，但葉脈仍然為綠色，花開得小。

5. 缺磷

其植株呈深綠色，老葉的葉脈間出現黃色，葉易脫落。

6. 缺氮

植株發育不良，下部呈淡黃色，繼而乾枯變色，但並不脫落。

✓ 家庭生活一點通

如果花卉營養缺乏，首先可以按時換盆和施基肥。換盆時要加入有機質豐富的土。其次是，花卉生長期可以施液肥，一般每隔10天施肥1次。

第二篇

寵物乖乖，讓我們寵愛一生

 寵物也需要減肥

　　每到冬天，寵物的生活都會變得簡單，除了吃喝，就是找個暖和的地方睡覺，若再每餐都是美味佳餚，寵物們就逐漸「發福」起來。

　　寵物的許多嚴重疾病都與肥胖有關，寵物肥胖可能會導致肝病、關節炎、過敏，皮膚病等。當春天天氣漸暖時，主人們要注意加大寵物的運動量，使牠們加入瘦身行列。

　　減肥可透過控制減少食物的熱量來實現，可以採用市售的低熱量寵物食品，或者減少原先的進食量。

　　狗的減肥計畫時程在12～14周時間內，每天餵食的熱量相當於維持目標體重所需的40％。貓所餵食物的熱量應為達到目標體重所需的60％，減肥時間為18周。

✓ 家庭生活一點通

對發胖動物執行減肥計畫之前，應讓獸醫進行一次體檢，因為你的寵物可能需要藥物治療，也可能是一種潛在的疾病導致體重增加。獸醫會採用專業的方法來確定你的寵物是否需要減肥。

寵物也需營養均衡

疼愛自己的小寵物，無可厚非，但是不要讓寵物的某些營養過剩，或某些營養吸收不到，飼主們可要注意嘍！

對於寵物而言，牛奶的營養是不夠的，光喝牛奶不能提供足夠的均衡。並且，要視牛奶為食物，而不是水的替代品。

對某些種類的寵物而言，牛奶可以當做點心，但喝過多的牛奶也不太適當。牛奶含有乳糖，乳糖在腸子裡分解需要藉助乳糖酵素。因此，如果寵物腸內乳糖酵素不夠，喝過多的牛奶反而會因為無法分解而造成腹瀉。

如果常在寵物的飲食中添加生雞蛋，可能導致維生素H的不足。生雞蛋的蛋白部分含有卵白素，而卵白素是一種會結合維生素H消化的酵素，會使得寵物體內無法吸收維生素H。維生素H短缺可能引發的症狀有：皮膚炎、掉毛和生長遲緩。

生的魚肉可能導致維生素B1的不足；不要餵寵物吃剩菜，桌

休閒娛樂金點子

養花、寵物 or 旅遊

邊食物或剩餘菜飯對於寵物而言,是營養不均衡的,請儘量避免餵食。如果餵食剩菜剩飯,也儘量不要超過寵物一天食物總攝取量的十分之一。

若寵物喜歡吃肉,但只餵牠吃肉也會造成營養不均衡。另外,生肉可能帶有寄生蟲,而烹煮過的肉則可能含有過高的脂肪。

如果您時常給寵物餵食大量的生肝臟,則可能導致寵物維生素A中毒,特別是在寵物的食物中已經含有充足的維生素A的時候。

✓ 家庭生活一點通

千萬別餵食寵物小根骨頭或軟骨(例如豬的肋骨或雞的骨頭),因為這些骨頭可能因斷裂而卡在其喉嚨或口中。

有些人特別寵愛自己的寵物,不是抱著就是親著,在這裡要提醒你:夏季氣溫升高,容易使寄生蟲及病菌生衍繁殖,而且人們多穿短袖衣褲,裸露皮膚,易被寵物抓傷、咬傷而致病。下面介紹幾種人與寵物常見的共通傳染病種類:

1. 金錢癬。

這是一種真菌，人與寵物間可以相互傳染，能導致一些皮膚病。

2. 貓抓病。

這是一種細菌感染，一般透過貓的抓痕傳播，有時也通過「咬」和「舔」傳染。人體感染後，淋巴結發炎、腫大、疼痛，嚴重者傷口化膿、全身高熱、四肢有斑疹出現。

3. 旋毛蟲病。

這是多種動物共患的寄生蟲病，貓最易帶蟲，其次是狗。人多數透過消化道感染此病，表現為腸胃症狀：全身水腫、高熱、肌肉疼痛。

另外，人也可以傳染給寵物一些疾病，如感冒、結核病、肺炎和一些皮膚病等。

因此，為了自己和寵物的共同健康，莫跟寵物過分親密，要做好寵物的衛生，為寵物定期免疫、驅蟲，寵物有病要及時帶牠去動物醫院診療。人被寵物抓傷咬傷後要立即消毒傷口，出現不適或傷口發炎要及時去醫院就診，尤其被狗咬傷，一定要去醫院注射狂犬病疫苗。

休閒娛樂金點子

養花、寵物 or 旅遊

✓ 家庭生活一點通

對寵物要從嚴護理，定期幫牠洗澡、梳毛，按時打預防針，主人要勤洗手，特別是在吃飯前和睡覺前。

 被寵物咬傷後要反覆沖洗

家裡養有犬、貓等寵物，難免會出現一些意外，甚至會被寵物咬傷。一旦被寵物咬傷，應該如何處理？還需注意哪些問題？

首先將傷口擠壓出血，並用濃肥皂水反覆沖洗傷口，再用大量清水沖洗，擦乾後用濃度5％碘酒擦拭傷口，消毒殺菌。只要未傷及大血管，一般無需包紮或縫合。可在傷口周圍注射狂犬病血清和破傷風抗黴素。

另外，還要注意被寵物咬傷後應儘早注射狂犬病疫苗，而且是越早越好。首次注射疫苗的最佳時間是在被咬傷後的48小時內。

✓ 家庭生活一點通

即使不是被患狂犬病的狗咬傷也應注射疫苗。動物之間由於互相打鬥嬉咬，可能相互傳染狂犬病病毒，所以人被咬後同樣可能感

染狂犬病。

因此，為保險起見，凡被狗咬傷或其他動物咬傷者，都要按狂犬咬傷處理，及時注射狂犬病疫苗，不能掉以輕心。

 學點狗語言，和狗狗無障礙交流

如果能友善訓練狗狗服從及瞭解狗狗的肢體語言的話，不僅可以與狗狗建立更深厚的關係，還可以幫助狗狗解決五到六成比較棘手的問題。

1. 讓你觸摸牠的肉墊

這是狗狗對你非常信賴的一種表現。如果牠乖乖地伸給你看了，請表揚一下狗狗，在要求「握手」時，怎麼也不願意伸出手來給你的狗狗，那是因為還沒有確認與你的信任關係，而不願把關鍵的部位展示給你。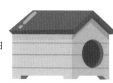

2. 用兩手環抱住狗狗，讓牠四肢放鬆

腿呈現出伸展鬆垂狀態是牠安心把身體交給你的表現；如果相反，腿捲起掙扎的話，就是對主人感到不安。這是為使狗狗安靜溫順地待在某處的一種練習。

3. 像輕柔的按摩那樣為狗狗揉捏四肢

如果狗狗沒表示出反感，順從地接受了，要立刻獎勵牠；如果狗狗跑過來輕輕咬住主人的腳，這說明牠產生了位置不明的不安，因而發出了信號。

4. 讓狗狗做出「對不起」賠禮道歉的姿勢

讓狗狗側臥躺下，先是頭朝左側，再來頭朝右側。被按倒在地的狗狗，會表示出「對不起」這種服從的態度。

5. 輕輕抓住狗狗的嘴巴左右搖擺

四足動物被抓住嘴巴是不利於自由活動的，所以只有在讓牠們感到特別放心的主人面前，才會安心的讓其這麼做。

✓ 家庭生活一點通

餵狗時，應針對狗的體質來餵養，否則容易讓牠生病。狗雖然愛吃雞骨，但因雞骨烹煮後還是很硬，有時會因雞骨的碎片刺傷了胃或腸黏膜而引起創傷性腸炎。雞頭骨的正確烹煮方法是用高壓蒸氣鍋把頭蓋骨煮熟，然後切除雞喙和下頜骨，並把頭蓋骨壓碎再餵食。

 在狗進食時教牠坐下和等候

餵食物時，狗往往已經等得急不可耐，但是這時不要馬上讓牠進食，要先發出「坐下」的指令，在牠完成動作後再把食盆放在牠面前，當狗急匆匆地想開動的時候，可以一邊喊著「等候」的口令，一邊把食盆拿開，再從「坐下」的訓練開始。

當嘴裡喊出「坐下」口令的同時，應把手放在狗屁股的位置將其後肢按下。

也可把食盆舉過狗頭位置，狗會自然地抬頭向上張望，同時後肢下垂，在這一瞬間很容易把牠的屁股按下著地。如果狗帶有項圈，可以抓住項圈往上一提，再讓後肢著地。

在進行「等候」的練習時，發出指令的同時也可以用手抓著項圈把狗嘴抬離食盆。

當狗掌握了「坐下」和「等候」的基本要領後，可以說一聲「好」，然後讓牠進食。

可以逐步延長狗等待到允許進食的間隔，經過一段時間的訓練，可以把狗培訓成無論做任何事情都必須得到主人許可的好習慣。

✓ 家庭生活一點通

將一隻手掌伸至狗眼睛的高度，並呼喚牠。如果牠迅速跑過來

嗅個不停,或者舔你的手,表現出強烈的好奇心和探索欲,基本上可以斷定這隻小狗心理較健全。相反,如果不管你怎麼招呼,牠都不理不睬,或者乾脆離群孤立,那麼這隻狗不是性格孤僻就是身體有病。

愛貓就要會餵貓

有的貓比較饞,人吃什麼牠也想吃什麼,你餵牠就吃。但如果長期這樣做的話,會逐漸損害貓的身體健康。所以要在人可以吃的東西中做個分析:注意哪些東西不能給貓吃;哪些東西不能隨意給貓吃;哪些東西不能給貓多吃,這是貓主人必須掌握的常識。

雞等禽類動物或魚的骨頭比較硬,當貓咬碎後會產生一些尖的碎片,這些碎片有時會刺傷貓的嘴巴或內臟,所以要避免貓吃到這些骨頭,除非用高壓鍋把骨頭軟化或粉碎後添加到飼料中。

晒乾後的魚乾含有較多的鎂,容易誘發和導致貓的尿道結石或泌尿系統疾病,所以儘量讓貓少食。在貓的飼料中要注意食鹽不能過量,一隻成年貓一天大概需要鹽分0.3～0.5克,帶香辛辣料的肉類會讓貓的嗅覺遲鈍,也不適合給貓吃。烏賊、魷魚和一些貝類的肉含有貓不適應的成分,吃多了會引起貓的消化不良和胃腸障礙。魷

魚乾進入貓胃後會吸收水分而膨脹，所以不能讓貓吃得太多。有的海鮮還會使貓的皮膚發炎，在餵食前應先讓貓少量食用，沒有反應後才適量給予。

✓ 家庭生活一點通

　　貓大多喜歡吃肝臟，但吃得過量會引致貓出現維生素A中毒及骨骼問題，因此要隔一段長時間才給牠們愛吃的肝臟。另外，貓也不要吃太多副食品，如動物的內臟，這些食物都難以消化。

✏ 小狗也要吃對食物

　　有些食物小狗是不能吃的，下述6種食物最好不要讓小狗吃它們：

　　1.狗不能吃骨頭，尤其是雞鴨類的尖銳骨頭。

　　2.狗不能長期吃肝臟，因長期食用可造成維生素A過量甚至引發中毒。

　　3.狗不能吃蔥、洋蔥等食物，部分狗食加入此類食物會引起細胞溶血，出現血尿的現象。

　　4.狗不能吃巧克力，部分狗食用後興奮不安，且巧克力中含有

大量糖分，對狗的健康有害無益。

5.狗不能吃海鮮等易過敏的食物。

6.狗不能吃高糖、高脂肪、高鹽分的食物。高糖、高脂肪類食物易使狗發胖並誘發一系列疾病；過量的鹽分，勢必加重腎臟排泄的負擔，影響腎臟健康，造成各種皮膚疾病。

家庭生活一點通

不要讓狗狗吃得過飽，以免造成胃擴張等急性疾病。暴飲暴食對於幼犬的危害更嚴重，由於幼犬的消化能力較弱並且對飽餓的控制能力差，更易造成過飽的情況，進而產生腹瀉、嘔吐等急性胃腸道症狀，甚至危及生命。

養狗比養貓更利於健康

一般人相信寵物都可作為人類的好夥伴，而研究人員指出，養狗其實比養貓的好處更多。英國心理學家發現，養狗人士的血壓和膽固醇一般都會比較低。

養狗人除了血壓和膽固醇更低之外，也較少患病。報告認為，狗有助於主人從心臟病等嚴重疾病中恢復過來，並能對癲癇症的發

作發出「事先警告」。

　　壓力是造成患病的主要原因，而狗也許能夠舒緩人們的壓力。此外，養狗也能增加人們的活動量，並促進人際關係，而這些都能間接在好的方面影響人的身心健康。

　　專門研究寵物對人類健康影響的健康心理學家麥尼古拉斯醫生指出，狗主人不單是因為遛狗時有機會活動，而且遛狗也為狗主人們提供了社交的機會。她說：「在一些情況下，動物所能提供的支援比人更多。」

✓ 家庭生活一點通

　　散步的時候，如果看到你的愛犬剛剛出門就表現出想回家的樣子，或是途中坐下就不想走，你就要想想牠可能是運動機能下降了。這時，請不要勉強你的愛犬。

> 第三篇
> ## 出門旅遊，讓自己回歸自然

 旅遊，重在放鬆心情

　　旅遊最重要的作用是可以丟開平時工作的壓力，徹底舒解身心疲勞，放鬆心情。有的人出門旅遊，是想把當地的所有景觀盡收眼底，於是將把行程安排得滿滿的，馬不停蹄，不到返程時就早已疲憊不堪。這種為了旅遊而旅遊，身心俱累的做法，實在得不償失。

　　出遊之前，不僅要對路線行程作大致上的安排，隨身必備的物品、藥物準備好，最重要的還是要做好充分的心理準備。相由心生，心情好了，一切煩惱和不適就會煙消雲散。

　　旅遊的重點，在於欣賞。而無論欣賞天然美景還是人文景觀，都要有一種閒散的心境、良好的興致。宋代文豪蘇東坡說得好：「江山風月，本無常主，閒者便是主人。」倘若沒有閒散的心境，沒有濃厚的興致，而是雜事纏心，有說不盡的後顧之憂，很難成為江山風月的主人，即使是面對秀麗美景、千古奇觀，那份感受也必然大為遜色。

　　旅遊還要做好吃苦的心理準備。旅遊雖美好，旅途卻艱難。出

家事一本就上手

聰明過日子之 Easy Life

心不慌　手不抖

門在外，生活起居，衣食住行，很難做到像在家中那樣方便，更難事事符合自己的習慣。若沒有這種心理準備，本來不難也會覺得難，最易產生「花錢買罪受」的感嘆。如果心中早有迎接困難的準備，便能隨遇而安，處之泰然。小小不便不算難，遇到困難，當作鍛鍊，既長見識，又添才幹。

✓ 家庭生活一點通

異地旅遊購物也是樂趣之一，但要注意：購買當地獨有的東西；購買當地非常便宜的東西，可以節省旅遊的費用開支；千萬別購買太重的物品，防止行李超重。

巧治暈車暈船，遊玩沒煩惱

暈車暈船被稱為新的富貴病，有車坐不了，有船乘不了，好玩的地方去不了。即使勉強和家人一起出去散心遊玩，一旦暈車暈船，興致全無，身心俱累。其實生活中有很多治療暈車暈船的小竅門，能助你出遊一帆風順。

鮮生薑片對治療暈車暈船有特效。在乘車、船前10分鐘左右，

根據腰部大小，切一片生薑覆於肚臍眼上，並用膠布固定。

在太陽穴上塗點藥物牙膏，牙膏的丁香、薄荷油有鎮痛作用，或者塗上一點風油精、驅風油或者萬金精，效果都不錯。

口裡含點鹹梅子、鹹橘皮(陳皮)，眼睛朝遠處看，一般的暈車暈船症狀都會有所緩解。

✓ 家庭生活一點通

坐在視窗通風處，看著外面的風景，聯想一些快樂的事情，這樣暈車、暈船會感覺好一些。

話說旅途中的吃與喝

「病從口入」，這話是一點也不假，飲食健康無論何時對我們來說都是十分重要的。儘管出門在外一切都不可能像在家裡那麼講究，但在吃方面絕對馬虎不得，片刻的放鬆造成的損失卻可能是巨大的，下面就介紹一些關於旅行中「吃」的要領：

1. 瓜果一定要洗淨或去皮吃

吃瓜果一定要去皮。

2. 慎重對待每一餐，飢不擇食要不得

高中檔的餐館一般可放心去吃；大排檔有選擇地吃；攤位或沿街擺賣（推車賣）的盡量不要去吃。

3. 學會鑑別飲食店衛生是否合格

一般合格標準應是：有衛生許可證，有清潔的水源，有消毒設備，食品原料新鮮，無蚊蠅，有防塵設備，周圍環境乾淨等。

4. 在車船或飛機上要節制飲食

乘坐時，由於沒有運動場合，食物的消化過程延長、速度減慢，如果不節制飲食，必然增加胃腸的負擔，引起腸胃不適。

說完了吃，我們再來談談喝。從某種意義上講，喝水對於人來說也許比吃飯更重要，因為人體中的水分約占體重的60%，在外旅行難免會遇見前不著村後不著店的情況，沒有水喝對人的健康影響絕對是很大的，嚴重時還會造成脫水現象。就算是有水喝，也要做到健康飲用，現在就介紹一下每天喝水的「六訣」：

1. 未渴先飲：早晨出遊前儘量多喝水，包括早餐的牛奶和稀飯。

2. 小口慢飲：旅途中口渴時只能間歇含飲幾小口清水或茶水，切忌「牛飲」，以免破壞體內水鹽平衡。

3. 以漿代飲：途中饑渴時不妨以綠豆湯、八寶粥之類漿液代替喝水，這較符合生理要求。

4. 不貪冷飲：身熱口渴時勿貪霜淇淋、冰汽水之類冷飲，否則

越吃越渴，還易傷脾胃。

　　5.尋泉為飲：儘量不喝野外自然水，萬不得已時只喝山林間的泉水，勿飲河水、融雪水、路邊溪水。

　　6.歸來暢飲：傍晚回宿地洗澡前先靜心慢飲茶水，晚飯後繼續喝到排尿為止。

 家庭生活一點通

　　旅遊出發前最好準備一壺清茶，適當加些鹽。清茶能生津止渴，鹽可防止流汗過多而引起體內鹽分不足。在旅途中喝水要次多量少，口渴時不宜一次猛喝，應分多次喝水。

巧克力，讓出遊更精釆

　　開著車，背上登山包，結伴出遊成了最新時尚。地圖、水壺、墨鏡這些都是背包裡的常客，可是別忘了還有一樣東西能讓我們玩得更加盡興，那就是人見人愛的巧克力。

　　出遊前吃一塊巧克力，立刻感覺提神又爽快。因為巧克力能夠促進體內色胺酸（蛋白質的組成部分）的增長，進而生成複合胺，

而複合胺則能使人心情愉快。

另外，巧克力分解後形成的葡萄糖，能夠使肌肉和肝糖處於最飽滿的狀態，讓人感覺體力充沛。到了晚上，巧克力中可可豆的鎮靜安神作用派上了用場。它能幫助我們調節身體機能，讓亢奮的神經迅速安靜下來，並獲得充分的休息，為第二天的遊玩做好準備。

營養專家指出，在出遊過程中少食多餐、多吃休閒食品是一種很實用的補充能量的方法。還猶豫什麼，快把巧克力放進你的旅行袋吧！

✓ 家庭生活一點通

吃海鮮後，一小時內不要食用冷飲、西瓜等食品，不要馬上去游泳，游泳後也不宜立即食用冷飲、西瓜、海鮮等食品。

✎ 掌握「走路經」，讓你玩得輕鬆

在青山綠水間旅遊要學會走路。掌握「走路經」會玩得輕鬆、愉快又安全，反之則勞累、緊張，甚至受傷。「走路經」包括以下

CHAPTER 4

休閒娛樂金點子

養花、寵物 or 旅遊

幾點內容：

1.長時間走路，最好是勻速行走，這樣走最省體力，而且有利於保持良好心態。

2.上下山儘量走臺階，少走山間小路、斜坡，這樣較符合人體力學和生理要求，安全又省力。

3.在水泥、瀝青、石板等硬地上行走比在草地、河灘、濕地等輕地面行走更省力，更安全。

4.通過吊橋時，吊橋很容易搖盪，最好一個一個地過。如有懼高症者，眼睛向前看，注意保持節奏。

5.過獨木橋時，將腳步變為外「八」字，眼睛看前方一兩公尺處。通過速度的快慢，要根據獨木橋的長短、寬窄而定。如獨木橋又窄又長，要小心慢行，注意保持平衡。

6.渡河時，最好結伴而行。要先瞭解河水的深淺，遇河水較深時，應選擇其他路線，河水深度沒有超過大腿時，可以涉水過河，但赤腳不安全，當然這只適合在夏季或春秋兩季。天冷時，要選擇河中乾燥的石頭通過，要注意石頭的穩固性和自身的平衡性。

7.長途跋涉需適當休息。一般走一小時左右，休息5～10分鐘。由於每個人的體能不同，休息要視個人情況而定。休息時不要待著不動，應做些放鬆運動。

家事一本就上手

心不慌　手不抖

✓ 家庭生活一點通

旅遊行走時首先要穿軟底平底鞋，如旅遊鞋、登山鞋，切勿穿高跟鞋、拖鞋；其次要用腰包攜物最省力，雙肩式背包次之，單肩背包及手提物品最費力。

郊遊時別用溪水洗臉

國外曾有報導，幾名登山愛好者由於在登山途中出汗，於歇息時用溪水洗臉，幾星期後，卻出現了間歇性鼻塞和鼻出血。經醫生檢查發現，原來是溪水中的水蛭鑽進鼻孔所致。醫生建議，旅遊時切勿在溪水中洗臉、洗澡或游泳，更不要以為它是「天然礦泉水」，可以隨便飲用。

這些登山者所碰到的例子雖然並不常見，卻提醒我們：看起來清澈透明的溪水，實際並非我們想像的那麼乾淨。美國疾病控制與預防中心（CDC）的專家也指出，近年來，由娛樂用水，如游泳池、湖泊、溪流等水體所導致的傳染病正逐年增多。

最常見的水源性疾病多數由細菌、病毒、寄生蟲等致病微生物引起，因此，別小看溪水對健康的影響。它含有大量的無機物、有機物和水中生物，可能傳播的疾病包括血吸蟲病、結膜炎、肝炎、

霍亂、傷寒和痢疾等。

隨著工業的發展，被排放的汙染物不斷進入河流、湖泊、海洋或地下水，這也是造成溪水受汙染的重要原因。所以，出去玩一定要對溪水提高警惕。

✓ 家庭生活一點通

旅途中可以用濕紙巾來擦臉，既衛生又方便，用完濕紙巾後，一定要給肌膚補水，可隨身攜帶爽膚水或噴霧，每隔2～4小時往皮膚上拍一次，為皮膚補充水分和營養。

旅遊會消耗很多體力，而只有充分休息才能夠儘快消除疲勞，恢復體力，因此，在旅遊途中住宿也就顯得十分重要。

很多人夏季旅遊時喜歡在野外露宿，可能是貪圖涼快，或追求情趣，但是這種方式卻對健康不利。如果在野外露宿，第二天醒來後，可能會感到頭暈、頭痛，或者出現腹痛、腹瀉、四肢痠痛、全身不適等現象，不僅會影響旅遊的興致，還可能會引起其他疾病。

這是因為人體在睡眠時，整個身體都處於鬆弛狀態，身體的新陳代謝作用也有所減弱，抗病能力下降。而深夜裡，氣溫較低，人體和外界的溫差也就較大，所以很容易引起以上述症狀。

此外，在野外露宿還會被蚊蟲、蛇蠍叮咬傷害。蚊蟲不僅妨礙人體休息，還會傳染瘧疾、日本腦炎等病症。如果不慎被蛇蠍咬傷，還會引起中毒，甚至有生命危險。因此，野外旅遊最好不要露宿。

✓ 家庭生活一點通

真要露宿，露宿地點應選在乾燥、通風、平坦、接近水源的地方。如果在山上露宿，最好選在南山坡，因為那裡不僅避風，而且早上能最早看見太陽，這樣可以感到舒適。

✏ 防晒：輕鬆享受大海的浪漫

人的皮膚衰老80%的原因是由陽光中的紫外線引起的，如色斑、皮膚失去彈性、引起皺紋、導致皮膚癌。若能掌握一些防晒知識和要領，塗一些防晒產品等，彷彿是給驕陽下的肌膚罩上了一把

保護傘。夏季游泳後的防晒要領是：

1.每隔2～3小時塗些防晒品，使你的皮膚減少損害。

2.僅用防晒品還不夠，出門時最好戴上太陽眼鏡。

3.應在潔膚、拍抹爽膚水和日霜後再塗防晒品及化妝品。

4.防晒品的保存期限一般為2年，但開封使用後成分會有所改變。每年應更換新的防晒品，平時應放在陰涼處保存。

5.此外，無論男女，秀髮也「拒吻」陽光。

陽光的灼熱會讓髮色變淡，讓頭髮失去光澤和水分，使頭髮變形、毛躁、難於梳理，還令頭皮的油脂分泌增多。尤其是經過海水和陽光的共同洗禮，頭髮遭受的損害更大，變得更加乾澀、易斷。此時，要選擇使用含有矽靈成分的滋養護髮產品，它可在頭髮的表面形成一層保護膜，阻擋紫外線的侵害，並防止頭髮內部的水分流失。海邊度假前，更務必對頭髮進行一次深層護理，給頭髮深層注入水分，表面增加一層反射保護膜，賦予秀髮有效抵禦紫外線傷害的能力。

因此，人們在夏日與大海約會時在享受大自然風情、浪漫的同時，防晒措施還要做足，以免您的皮膚被灼傷、秀髮失色。

✓ 家庭生活一點通

靠海吃海，海鮮當然是首選食品，但不可過量食用，為防不

測，需要胃腸藥及消炎藥。小吃攤上的東西，如果沒有當地朋友帶領，最好不要吃。

 路邊的野花你不要採

　　春天外出旅遊，一定要防止花粉中毒。中藥師和花卉學者研究發現，在常見的花卉中有50多個品種含有毒物質，人體如果接觸不當，容易引發某些疾病。例如：

1. 萬年青

　　萬年青雖然觀賞價值較高，卻能導致皮膚搔癢，其葉色先綠後紅，但有毒，尤以果實毒性較大。

2. 夾竹桃

　　夾竹桃可誘發癌症，該花花朵鮮豔，極易栽培，但其葉、皮、花果中均含有一種名為竹桃菌的劇毒物質，若接觸過多容易誘發呼吸道、消化系統的癌症。

3. 含羞草

　　含羞草之所以一觸即「羞」，是由於其體內含有一種含羞草鹼，這是一種毒性很強的有機物，人體過多接觸，會使人頭髮脫落或引起全身不適。

4. 水仙花

　　水仙花雖然具有較高藥用和觀賞價值，但其花中含有一種叫

做「拉可丁」的有毒物質，人畜萬一誤食，會引起嘔吐、腹瀉等症狀。

5.夜來香

夜來香忌放室內，該花香味在夜間十分濃厚，有人以此來驅趕室內的蚊子，但是該香味中含有的有害物質同樣對人體不利，尤其是高血壓和心臟病患者聞後會產生胸悶難受的感覺，進而促使該病發作。因此，在其盛開時，不宜放在臥室內。

此外，像馬蹄蓮、冬珊瑚、龜背竹、一品紅、石蒜、百合花等，都含有不同的有毒物質。因此，觀賞鮮花時務必弄清有關花卉的特性和毒副作用，不要隨意觸摸，以防毒素入口。少數過敏體質的人對一些花(如玫瑰)散發出來的氣味十分敏感，進而產生過敏反應，這些也是旅遊者應該注意的問題。一旦中毒，或者產生不適，應立即去醫院治療。

✓ 家庭生活一點通

許多人旅行歸來後認為自己很累，回到家便蒙頭大睡，這種做法是錯誤的。每個人的睡眠是由自己的生理時鐘控制的，打亂生理時鐘會感到更加疲勞。正確的做法是在平時睡眠時間的前一、兩個小時入睡，且維持在同一時間起床，起床後散散步、做做體操等。

聰明
過日子之
Easy Life

心不慌　手不抖
家事就一本上手

CHAPTER 5

管好你家的錢

做自己的家庭理財師

第一篇
管理金錢，財富贏家第一步

別陷入理財的錯誤迷思

理財，是一個漫長的過程。理財的目的是幫助人們實現人生的理想和目標。但理財絕不是件容易的事情，必須注意避免步入以下幾種錯誤觀念：

1. 無錢不理財

理財是沒有固定局限的，錢多有錢多的方式，錢少有錢少的竅門，關鍵看你是否有理財的意識。

2. 不敢藉助他人理財

作為現代人，應該認識到理財顧問的出現，是社會專業化分工的必然結果，是一種正常的經濟現象。所以，善於藉助專業理財顧問的幫助，理財才會更方便。

3. 理財有從眾的心理

許多人在理財的過程中受到羊群效應的從眾心理影響較大，喜歡看別人怎樣做，容易跟著潮流走。事實上，這些人並未具體分析自己的情況，最後的結果大都是失敗。所以，確立自己的理財投資

理念和目標才是最重要的。

4. 有財不露富

一般人都有怕露富的心理，雖然自己很富有，卻把錢或金銀珠寶存放在保險箱中，認為放在其他地方都是不安全的。其實，這是一種理財的下策，這種行為有通貨膨脹的損失。如把錢存在銀行，就是一種比較保險的做法，因為可有利息收入。

5. 無債一身輕

很多人都認為自立自強是人格的表現，所以，抱有「萬事不求人」的心態，不到關鍵時刻不願開口借錢。現代經濟的發展證明，適度負債能夠在經濟安全的情況下加快財富的累積。所以，借雞生蛋、借錢生錢是財富累積的重要手段。

6. 存在短視和暴富心理

有水快流，有錢快賺，這樣的結果，最後只能導致全面的信任危機。所以，賺錢一定要著眼於長遠，做長期存錢的打算。

✓ 家庭生活一點通

不要希望透過賭博來賺取金錢，賭博帶有很大的偶然性。一個人要是把自己的財富寄託在偶然性的賭博上，那麼肯定會失敗。

不要把錢輕易借給別人

　　莎士比亞有句名言：「不要把錢借給別人，借出會使你人財兩空；也不要向別人借錢，借來會使你忘了勤儉。」

　　你可以用其他友善的方式接濟你的朋友，但不要借錢給他。借錢給他人就是掏錢為自己買了一個敵人。

　　如果別人向你借錢，怎樣拒絕他呢？分析後可以這樣做：

1. 不用開口法

　　有時開口拒絕對方也不是件容易的事，往往在心中演練了N次，一旦面對對方又下不了決心，總是無法啟齒。這個時候，肢體語言就派上用場了。一般而言，搖頭代表否定，別人一看你搖頭，就會明白你的意思，之後你就不用再多說了。另外，微笑中斷也是一種暗示，在談話中，突然中斷笑容，便暗示著無法認同和拒絕。類似的肢體語言包括：採取身體傾斜的姿勢、目光游移不定、頻頻看錶、心不在焉……但切忌傷了對方自尊心。

2. 直接分析法

　　直接向對方陳述拒絕對方的客觀理由，包括自己的狀況不允許、社會條件限制等。通常這些狀況應是對方也能認同的，才能理解你的苦衷，也才會自動放棄。

3. 一拖再拖法

　　如果已經承諾的事，還一拖再拖是不智的，這裡的一拖再拖法指的是暫不給予答覆，也就是說，當對方提出要求時你遲遲沒有答

應，只是一再表示要等等或考慮，那麼，聰明的對方馬上就能瞭解你是不太願意答應的。

4. 巧妙轉移法

不好正面拒絕時，只好採取迂迴的戰術，轉移話題也好，另有理由也好，主要是善於利用語氣的轉折——溫和而堅持——絕不會答應，但也不致撕破臉。比如，先向對方表示同情，或給予讚美，然後再提出理由加以拒絕。

✓ 家庭生活一點通

不要把錢輕易借給別。如果對方值得你信賴並且具有償還能力，為了保持友好關係，還是可以考慮把錢借給他的。

向別人借錢也要三思

人總會遇到各式各樣的經濟困難，而借錢也是常有的事。

借錢一般有以下幾種情況：其一是緊急支出，如家中發生事情，這種情況可以用儲蓄來支付。其二是買價值較高的東西，如車子、房子或土地等，先付一部分款項，剩下的部分再貸款。借貸之

心不慌　手不抖

家事一本就上手

前，應先瞭解自己的財務狀況是否已亮紅燈。

　　首先，檢查自己是否有過度消費。是否對支出沒有什麼概念？刷信用卡好像不用付錢？生活十分浪費？還未到月底就已經沒錢可用了？

　　其次，檢查自己有沒有借新債還舊債的習慣。是否為了要彌補以前的財務漏洞，就借錢還以前的債，結果洞越來越大？

　　如果有以上的情況，你就必須先調整好收支情況，比如，兼職增加收入，在衣食住行或娛樂開支上節省消費，先度過這段「經濟危機」，確信自己有還款能力的時候，再談借錢或融資比較恰當。

✓ 家庭生活一點通

　　「有借有還，再借不難」，任何借款一定要在約定的期限內還清，否則你的信譽會降低，會造成再次借貸的困難。

✎ 意外之財不要隨便花掉

　　總有一天，你可能會收到一大筆的意外之財，也許是工作賺來的，就像是退休金一次領；也許不是工作賺來的，像是法院的判決裁定、繼承或中獎等。

CHAPTER 5

管好你家的錢

做自己的家庭理財師

　　大筆的意外之財如果不適當地處理，可能會使這筆錢減少，就算是你把這錢變多了，情勢也對你持有這筆錢不利，因為稅金和通貨膨脹是維持財富的天敵。而比這兩大天敵更可怕的，是你暴富後的狂花濫用惡習。所以，該怎麼處理一筆意外之財，以下5點你應該記住：

　　1.記住，人的一生只有一次意外之財，就像繼承，是不能換掉重來的。因此，謹慎保守地處理這筆錢，才能夠永久地增加收入。

　　2.分散意外之財的風險，有些投資工具的風險會被其他安全性的工具所抵消。

　　3.要考慮通貨膨脹的影響，假設未來幾年的通貨膨脹率為4%，你的投資報酬在稅後至少要達到這個比率，才能夠維持你的購買力。

　　4.如果你的意外之財是退休金的一次性給付，要安排轉至個人退休金帳戶。

　　5.聰明一點，不要不顧一切地花錢，否則你會因為花錢的習慣性，把原有的錢也一起花掉。

　　我們不應讓這筆錢誘發我們亂花錢的惡習，而應該讓這筆錢使我們成為一個精明的理財專家，為將來獲得更多的財富做好準備。

家庭生活一點通

家事一本就上手

家庭生活時時刻刻都要牢記量入為出，不要為了不是必要的裝飾而花了好幾萬，甚至花更多的錢來讓家看起來更豪華。家的布置裝飾，應以整潔、明亮、經濟、實惠為原則，如此生活才會更加輕鬆自在。

適度多花錢也是理財

少花錢可以說是理財的方法之一，但並不是所有的情況下都是少花錢才划算，才算是理財，有時候適度多花錢也是一種理財的方法。

在耐用消費品上一味地節儉，其實是將耐用消費品非常「奢侈地」拆成了一次性消費。如你買一臺便宜一點但卻耗電的空調，用電可能會增加，那麼每月的電費都在增加，幾年下來，電費累積可能超過你當初省下來的錢，所以，不是一味地買便宜貨就好，適度買一些價格貴的耐用品可能會有意想不到的收穫。

當然，如果明明是一塊錢能做成的事，你偏要花兩塊錢，這樣的做法就不宜提倡。這裡所說的多花錢，其實就是那種「買著貴，用著省」的策略。

適度花錢並不是一件容易的事情，需要我們對物品有全方位的

管好你家的錢

做自己的家庭理財師

把握，需要更多的比較。學會適度花錢，比學會賺錢還要考驗人的智商，只有適度地花你賺的錢，才能享受到高品質的生活，這也是一種理財的方法。

✓ 家庭生活一點通

心中空虛、壓抑、無聊時，最好的解決辦法是到體育場所去做些較劇烈的體育運動，而不是去逛街購物。

✏ 慎用信用卡，避免當「負」翁

的確，跟現金相比，一張信用卡使消費更為輕鬆，因為潛意識裡你覺得這樣做似乎在節省你的現金。而且，使用信用卡購物使不少人感到自己比平時更有魄力，信用卡購物滿足了他們的支配意識和自尊心，刷卡消費使他們找到了一種虛假的安全感。

使用信用卡購物時，人們很少考慮東西的品質，或者做到「貨比三家」。因為很多商家和銀行會採用一些刺激信用卡消費的行銷策略，最典型的就是在開信用卡帳戶時告訴你在哪些商場、哪些咖啡店你可以享受折扣，很多人都會為了這些折扣而掉入陷阱，還不

亦樂乎，以為自己撿了便宜。

　　當對帳單出來時，如果你不能付清全部餘額，那麼你就得交利息，你辛辛苦苦賺來的錢，就這樣多付給銀行和商家了。如果你不能按時還清，信用卡的循環利息可是很高的，有人甚至戲言那相當於高利貸。

　　所以，最好不要參與到這種盲目刷卡消費的遊戲裡去，對於大多數人而言，這是個錯誤的選擇。當然，也不是要你不要辦信用卡，如果你喜歡這樣的消費方式，就要保證每月都能付清所有欠款，因為只有這樣才有利於建立你良好的信用。而且，信用卡最主要的用途是用來應付你一時的資金緊張狀況，比如大宗消費品的分期、貸款或者急用，而非進行這類日常可有可無的消費行為。

✓ 家庭生活一點通

　　不要保留多餘的信用卡，多擁有一張信用卡只會消耗你的金錢，甚至養成你不良的花錢習慣，而且也不利於你自己進行家庭財務核算。另外，如果留下信用不良記錄，不僅手上的信用卡會陸續強制停用，未來申請貸款時也可能會被拒絕。所以，不要保留多餘的信用卡。

管好你家的錢
做自己的家庭理財師

 花最少的錢，辦最多的事

在全球最發達的美國，節儉也是備受推崇的美德。伊科諾米季斯一家就是因為擅長節儉、理財而被美國各大媒體追捧，並稱其為全美「最節儉家庭」。這個收入平平的7口之家有一套成效卓越的「省錢戰略」，堅信「省下的就是賺的」。以下是他們傳授的祕訣：

1. 購物一定要有計劃

他們認為購物無計畫等於給存款判死刑。

2. 提前預算不立危機

伊科諾米季斯先生說：「如果你不提前做預算，你就很可能從一個財務危機走入另一個財務危機。」

3. 窮追不捨買便宜貨

每次到超市購物，都要在貨架前來回巡視，尋找要購買物品的最便宜價格，直到找到最低價才買東西。

4. 永不花費超過信封內總金額80％的錢

即每個月把家中的錢放入一個個信封，分別用於買食物、衣服、汽油，付房租等等，而且永遠不花費超過信封內總金額80％的錢。

5. 每個月只購物一次

最好每個月只購物一次。因為逛得多就買得多，買得多就花得多。

6. 巧妙利用購物優惠

許多商場、超市都會推出買二送一、低價促銷等購物優惠活動，對這些商品一定要經過反覆比較，以最優惠的價格買下所需要的物品。

7. 提前購買節日物品

提前購買一些節日所需物品，並儲備起來，以防節日時漲價。

8. 會省也會賺

抓住機會，想辦法多賺錢！

✓ 家庭生活一點通

把每次購物的發票保留好，這樣做有兩大好處：

第一，可以及時覆查核對，看看商家有沒有多收費；第二，可以把同樣的貨品進行比較，看看哪家最便宜。

把錢花在刀口上

CHAPTER 5

管好你家的錢

做自己的家庭理財師

　　有道是「不當家不知柴米貴」，其實就是當了家的人有時也會一時頭腦發昏，忘記柴米價格的高低，使家庭消費出現不平衡。家庭購物一定要掌握以下幾個基本要訣：

1. 要適用

　　每種消費品都有大小型號，家庭購物就要考慮自身的環境條件，不要「小腳買大鞋」，也不要「大腳買小鞋」。

2. 要實用

　　如今的電器功能越來越多，一排排的按鈕，密密麻麻的文字說明，往往讓人無所適從，但是其中有一些功能對某些家庭來說是沒有多少實用價值的，卻因為多了這些功能而多花錢。

3. 要常用

　　家裡不是倉庫，不是百貨商店，什麼也不能缺，如果把只能偶爾用一、兩次的東西都買回來，雖然方便，但使用價值並不大。有時不一定非買不可，必要的時候可租或借，能省錢又免去維修保養之麻煩。

4. 要真正有用

　　不要因為便宜而買你不需要的東西。

5. 要經久耐用

　　購物一定要考慮一下價格與耐用程度的關係。用290塊錢買一雙鞋穿兩個月，還不如花1000元買一雙鞋穿一年。

✓ **家庭生活一點通**

　　買東西選擇時機十分重要。如在夏天的時候買冬天用的東西，冬天時買夏天用的東西，反季購買往往價格便宜又能讓你從容地挑選。

超值「省」經要記牢

　　購物時讓自己的智商高人一等，學會各種省錢的妙方，這樣，每個月花同樣多的錢，你卻能比別人獲得更高的生活品質。

1. 過季購物

　　商品處在滯銷淡季，價格會便宜許多。但是過季購買應有計劃性與前瞻性，如果你在冬季買了一件夏季的連身裙，到了夏季卻因不喜歡或過時了而慘遭冷落，就得不償失了。

2. 不去熟人那裡買東西

　　買熟人的商品有許多尷尬之處，一是不便殺價，因為熟人已說「看在你我的交情上，只收成本價」了；二是商品發生品質問題時不便找熟人「討個公道」，更不便提出退貨、索賠。

3. 到大商場看，去小商店買

處在黃金地段的大商場不僅經營場地租金昂貴，且因豪華氣派的裝修，各種現代化的服務設施增大了成本費用，相同商品往往價格高於其貌不揚的小商店。而且，小商店普遍服務更周到，挑選商品更方便，購物方式也沒那麼繁瑣。

4. 光顧不二價商店

在竭盡討價還價之能事，奮力殺價下來之後，吃虧的仍是消費者，所以應光顧不二價商店。此不二價應是明碼實價，而不是虛抬價格的商家。這些商家常常這樣對你說「我已經不賺錢了」，這時你就可能乖乖的不殺價。

 家庭生活一點通

逛街時最好找個人陪同，特別是購買衣服時，不要聽售貨員說幾句好話就飄飄然的買了，最好能聽聽同伴的意見。當然自己也應有主見，不要一時衝動，買回家後就壓箱底了。

「吝嗇專家」教你省錢

　　這裡有兩位「吝嗇專家」省錢致富的小祕訣可作為你理財的參考，他們都是加拿大人，一位叫尼克森，一位叫達希‧珍。他們各辦了一份報紙，教人節儉過日子。

　　他們在報紙上提供了10項小祕訣：

　　1.不斷從薪水中撥出部分的錢存入銀行，5%、10%、25%都可以，反正一定要存。

　　2.弄清楚你的錢每天、每週、每月流向哪裡，也就是要詳細列出預算與支出表。

　　3.檢查、核對所有的收據，看看商家有沒有多收費。

　　4.信用卡只保留一張，能夠證明身分就夠了，欠帳每月絕對還清。

　　5.自帶便當上班，這樣可節省午餐費。

　　6.搭乘大眾運輸工具上下班，節省停車費、汽油費以及找停車位的時間。

　　7.多讀些有關修理、投資致富的實用手冊，最好從圖書館借，或從網路上下載，這樣更省錢。

　　8.簡化生活，房子不用太大，買二手汽車，到廉價商店或拍賣場等處購物。

　　9.買東西時別忘了想想「花這錢值不值得」。便宜貨不見得划得來，貴也不一定能保證品質。

　　10.絕對要殺價。你不提出，店家絕不會主動降價賣給你東

管好你家的錢

做自己的家庭理財師

西。

這兩位另類致富專家的共同祕訣是：你省下來一塊錢，等於你賺了一塊錢。學習他們的方法，這對你養成節儉儲蓄的習慣是有幫助的。

✓ 家庭生活一點通

不要因你的收入而煩惱。生活中常常有些人為自己的收入煩惱、痛苦，其中有人因為收入低，有人因為花費高，還有人因為收入提高了欲望也增加了。按預算花錢，收入多可以多花，收入少就要少花。超支消費，一旦你背上債務，就沒有快樂了。

在有限的薪水中多存些錢並不是不可能的，只要懂得如何改進自己的消費行為，記帳便是進行這種改進的必要方法。

也許有人認為小的花費不需要隨時記錄，這種觀念是錯誤的，任何大的開支都是由小的花費累積的。想要做好家庭理財，就一定要從小帳記起。例如，使用信用卡付款後將簽單拿回來，把消費項目、金額、地點等都做記錄，並保存好副本，等信用卡帳單寄來

時，再核對每筆金額是否有誤，並在已付款項旁做記錄。這樣做既可以瞭解消費的方向，也避免了重複付帳。此外，每個月的電話、瓦斯氣、水電費等也要做記錄，有時這些費用會突然暴增或異常，有了平時的記錄，就可以向有關單位查詢。

　　每年整理家中物品的時候，總會清理出一堆不需要的家庭用品，有時還會忘記曾有這樣的東西而又再買一個。人腦能記住的畢竟有限，家裡有哪些東西，它們放在哪兒可以記下來，以免重複購買。

　　可能剛開始做記錄的時候會感到麻煩，但只要堅持下去就會養成習慣，而且這種習慣將有利於家庭財務的管理。

✓ 家庭生活一點通

　　準備一個小帳本，將每天的消費支出都記下來，每月進行比較總結，看看哪些錢該花，哪些錢不該花，在下個月的消費中就會注意，進而節省開支。

將價格「殺」到最低

　　一種商品常有多種價格，高低不等，五花八門。作為消費者，

應該學會殺價，以免上當。那麼，怎樣殺價呢？

1. 吹毛求疵

對你欲購的物品，在討價的過程中，要不時指出所購商品的種種缺陷和不足，使你還價有憑有據，賣主也心服口服地逐步讓價。

2. 掏空腰包

當你購物時，明知賣主想多賺些錢，以保本為藉口，你便可採用掏空腰包法。例如，老闆的一件衣服賣390元，你說：「賣390元也不算貴，可是我只有帶著300元……」同時表現出要離開的樣子。這時，通常賣家就會讓步了。

3. 欲擒故縱

在發現自己心愛之物時，要不露聲色，欲買這件偏問那件並討還價，做出十分感興趣的樣子。然後，再在無意中隨便問自己真正想買商品的價格，並在「有意無意」、「可買可不買」的表情下殺價，往往十分奏效。

4. 聲東擊西

當自己想買的商品擺在面前時，要不露聲色，先找出其美中不足之處後再殺價。如欲買雙紅色皮鞋，而櫃檯上只有紅、白和黃色三種，那你就採用聲東擊西法，多問賣主有沒有黑色的。賣主因沒有黑色的而內疚，便會對你「勉強」買紅色的而讓價，因為他怕你去別處買。

聰明
過日子之
Easy Life

心不慌　手不抖

家事 一本 就上手

　　有些人，特別是女士，上街購物時，總是打扮得珠光寶氣。這樣賣主雖對你恭敬有餘，但要價卻會居高不下。

面對打折，先給自己的欲望打折

　　消費者，尤其是女性消費者，在琳琅滿目的商品面前，很容易膨脹自己的購物欲望，看著各種平時自己不敢問津的高價商品，此刻突然放下了高貴的身價和自己親密接觸，於是不假思索、無怨無悔地把錢包掏空之後，繼續刷卡消費，此時感覺不到花錢的心痛，而只有購物的爽快。

　　只是，當把大包小包提回家之後，才懊悔地發現其中的大部分商品並不是自己非常需要的，很多根本沒有搭配的服飾，要麼再花更多的錢買可與之匹配的服飾，要麼壓箱底，很多用品則是無限期地被擱置不用，真正實用的沒幾件。

　　因此，在面對打折促銷的時候，除了要擦亮眼睛識破各種陷阱之外，還必須先將自己的欲望打折，以免造成不必要的花費。比較好用的一個方法就是：事先為自己擬一個購物清單，把需要購買的

商品名稱、數量和能夠承受的價位都標明，在購物的時候，一旦產生了購買欲望，就應該拿出清單看看，提醒自己。

記住，按需消費，一定要買自己所需要的，避免買而不用造成浪費。

✓ 家庭生活一點通

很多商家實行折上加折，也就是打折以後還可以透過送門檻折價券折抵下次消費金額。這是一種比較「狡猾」的促銷方式，因為有的時候為了花掉這些折價券還得多掏腰包，費盡心思，往往會買上一些並不需要的東西並貼上一大筆錢。如果是能夠當場把消費金額扣掉的現買現折形式就會方便多了，所以若商店標明促銷方式是送折價券，建議還是問一下店家能不能當場抵扣現金。

分期付款讓你輕輕鬆鬆

分期付款是在市場經濟條件下，因產品極大豐富甚至供過於求而產生的一種銷售方式，它對廠家的好處是，與其大量產品積壓而佔用了大量資金，不如以分期付款方式先收回一部分資金，以擴大再生產。對消費者而言，如果是急需的商品，一下子又拿不出足夠

的錢購買，分期付款方式正解了燃眉之急。因此，對於某些消費者來說，購買分期付款的商品應該是划算的。

　　當然，如果有能力一次性付清貨款，就不必採用分期的方式，因為此方式除了商品本身的價格外，還要付利息。

✓ 家庭生活一點通

　　什麼是最佳購買階段？花的錢最省，買的東西又不退流行，那就是最佳購買階段。特別是耐用消費品的出現總要經歷開發、研製、少量生產、大量生產、萎縮等階段，然後是又一輪的開發、研製……在最初的開發、研製階段，產品的性能還不穩定，但十分新潮，產品的成本高、售價貴，市場銷量逐步上升，但升幅不大，這個階段的商品不宜購買。應等到進入大量生產階段，此時商品的性能、品質逐漸趨於穩定，生產量大了，價格就會下降。假如不是特別急需使用，最好再等一等，因為其價格還未降到最低。

第二篇

儲蓄投資，我們如何來選擇

打開財富的堡壘

美國成功學大師拿破崙・希爾和美國企業家克里曼特・斯通合作著成《人人都能成功》一書，書中對尋找「打開財富堡壘」一節進行了闡釋，主要觀點如下：

1. 發財的訣竅

不論是誰，都能招來財富，但也能拒絕財富。所以說，「要招財，不要拒財」。

要想發財，就要把時間用在研究、思考、計畫上。

(1)學會思考：精心思考對獲取財富是大有必要的，因為寂靜的時刻，是湧現靈感的時刻。思考，是人建造一切的基礎。在思考時，別忘了用筆和紙記下你的思考所得。

(2)訂立目標：招來財富的另一要件，是學習如何訂立目標。有四個重要項目你應牢記心頭：

寫出你的目的；

自己訂一個時限；

訂一個較高的標準；

目標要崇高。

訂立計畫時，你應該膽大一些，你要求人生給予的，應多於你的實際能力所得到的，這樣有助於你向更高的目標邁進。

(3)善於投資：投資時要聽從專家們的建議，以求安全，規避風險。

2. 借用別人的錢

用OPM（OTHER PEOPLE MONEY），即別人的錢，這是發大財之道。不過，用別人的錢須有基本前提：你的正直、誠實、忠貞、信用。

(1)將OPM用於投資：威廉·尼克森寫過一本關於OPM的書，書中說：「我如何在空閒的時間，將一千美元變成三百萬美元。」「錢能生錢，它的子孫所能生出的更多。」「你為我指出一位百萬富翁，我就能輕而易舉地為你指出，他是一位債臺高築的人。」

(2)銀行家是你的朋友：銀行家是做借錢生意的，他們借給誠實的人的錢越多，他們自己賺的錢就越多。你應該結識這樣的銀行家：他是一位專家，願做你的朋友，他想幫助你，想看到你的成功。

✓ 家庭生活一點通

理財專家所設計的最大化的投資搭配方式：

儲蓄35%，國債30%，集郵、幣市10%，保險10%，股票5%，其他10%。

牢牢把握守、防、攻、戰四關

守、防、攻、戰在理財中各有不同的意義：

1. 守：用作守衛的資金，主要投在儲蓄、置產、保險等方面。

2. 防：防禦作用的投資，放到政府債券、投資基金、超級績優股、外幣存款等方面

3. 攻：進攻性的資金，投向其他實力股票、特別股股票及開放性投資基金。

4. 戰：用作激戰的錢，拿來炒房、期貨、短線股票。

在一般情況下，守、防、攻、戰的資金比例分配如下：1/3的資金作為絕對保守的運用，再加上防禦性的投資，占六成的資本都用來自保。出擊性的投資，即那些並非太過冒險的投資占20%多一些。作為絕對投機、短線炒作的激戰資金只占百分之十幾。穩重一點的可將守、防、攻、戰比例變成4：3：2：1。

該套組合方法一定要從最基礎做起。

　　如果你連守衛都做不到，就無從考慮其他。在穩守之後，才可再作防禦性的投資考慮。一定要遵循事先訂好的原則，堅持執行，一段時間後理財成績必有進步。建立一個堅實的根基之後，再作攻擊性投資，然後去從事激戰型投機。根基築牢之後，再逐步向外擴張，能將風險降到最低限度，進而做到進可以攻，退可以守。

✓ 家庭生活一點通

　　有的地方私人或集團公開非法集資，他們允諾給投資人高回報，集到鉅款後就銷聲匿跡了，這將給投資人帶來巨大的經濟損失。所以，不要被非法集資的高利率所誘惑而盲目投入家庭積蓄，因為你將會血本無歸。

✎ 投資把握六原則

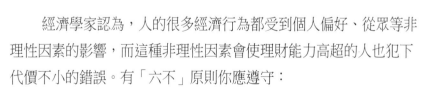

　　經濟學家認為，人的很多經濟行為都受到個人偏好、從眾等非理性因素的影響，而這種非理性因素會使理財能力高超的人也犯下代價不小的錯誤。有「六不」原則你應遵守：

　　1. 絕不貪心

管好你家的錢

做自己的家庭理財師

　　的確，對投資者而言，不貪心非常重要。其實不貪心說起來容易，做起來就難了，不但要不貪心，更要「見好就收」，絕不戀戰。另外，你還要能夠「認賠」，有的人永遠相信下一把一定會贏回本錢，結果卻輸得更多。因此，投資者應該拒絕誘惑，以免蒙受多重損失。

2. 絕不碰瞭解不透的理財工具

　　不瞭解市場行情，自身實力不具備，貿然投資，極易讓自己誤入迷宮，墜入雲霧。此時有兩種解決方案，一是趕緊找機會逃脫，二是從頭學起做行家。你應當學習有關投資知識，並且尋求他人的協助，養成持續地增加自己投資理財知識的習慣。

3. 絕不相信小道消息

　　大部分小道消息是假的，即使是真的，股票價格也往往會反著走。相信自己的判斷，而不打聽小道消息。投資不追求100％的成功，但求冒適當的風險，以較小的風險去博取較大的收益。

4. 絕不冒險

　　時間不足、底子不夠、沒有充分專業知識的投資者，勸你不要輕易玩「恐怖遊戲」，它的賺賠落差太大，有可能讓你心臟病突發呢！

5. 絕不借錢投資

　　借錢投資可能讓你未賺錢先賠錢。借錢投資不但會受到利息的拖累，並且心理負擔沉重，所以要儘量避免。千萬記住：借錢乃投

資中的一大忌，不碰為妙。

6. 絕不持賭徒心態

不到贏的一天，絕不鬆手，這種盲目舉動只會令你最後負債如滾雪球，後悔莫及。其實，贏不願歇手，輸不肯罷手，到頭來都只會兩手空空。

投資者一定要切記以上的「六不」原則，再加以豐富的投資知識，相信在投資市場上也能「玩」得很開心。

✓ 家庭生活一點通

堅持自己的投資理財原則，不可隨波逐流，使自己平白喪失良機。把握大筆投資和財務決策的底線，包括買或不買的決策，這樣就能大大降低失敗的可能性。

做出任何重要投資決策之前，一定要和持異議的朋友或專家討論，從不同的角度審視問題，這樣就會發現自己在哪裡陷入了錯誤迷思。

投資時間越早越好

管好你家的錢

做自己的家庭理財師

如果時間是理財不可或缺的要素,那麼獲取時間的最佳策略就是「心動不如馬上行動」,現在就開始理財,就從今天開始行動吧!

越早開始投資便越早實現致富目標,自己與家人就能越早享受致富的成果。而且越早開始投資理財,利上滾利時間越長,時間充實,所需投入之金額就越少,理財就越輕鬆且愉快!

年輕就是投資致富的本錢,越年輕的人越有資格做以小錢投資致富的夢!若年老之後才開始理財,每個月所需投入的資金,已經大到不是一般人可以負擔的程度。總之,為退休理財應趁早,莫等閒白了少年頭,年老再理財,已時不我待了。

✔ 家庭生活一點通

拖延是理財之敵,散漫是成功之墓。所以,不要和散漫的人在一起生活,否則你會不知不覺地成為散漫的人。

選擇適合你的投資組合

基於風險分散的原理,需要將資金分散投資到不同的投資項目上。在具體的投資專案上,還需要就該項資產作多樣化的分配,使

投資比重恰到好處。

　　任何最佳的投資組合，都必須做到分散風險。建立投資組合時請運用「一百減去目前年齡」的公式，這一公式意味著，現年60歲的人，至少應將資金的40%用於投資；現年30歲的人，那麼至少要將70%的資金進行投資。

　　投資組合按粗略的分類有三種不同的模式可供運用，即積極的、中庸的和保守的，決定採用哪一種模式，年齡是很重要的考慮因素。每個人的需要不盡相同，所以並沒有一成不變的投資組合，應該根據個人的情況設計。

　　在20～30歲時，由於距離退休的日子還遠，風險承受能力是最強的，可以採用積極成長型的投資模式。按照「一百減去目前年齡」公式，投資者可以將70%～80%的資金投入各種證券。在這部分投資中可以再進行組合，譬如，以25%投資普通股票，25%投資基金，餘下的25%資金存放定期存款或購買債券。

　　在30～50歲時，這段期間家庭成員逐漸增多，承擔風險的程度需要比上一段期間相對保守，但仍以讓本金儘快成長為目標。這期間至少應將資金的50%～60%投在證券上，剩下的40%～50%投在有固定收益的投資標的。投在證券方面的資金可分配為40%投資股票，10%購買基金，10%購買國債。

　　在50～60歲時，孩子已經成年，是賺錢的高峰期，但需要控制風險，應集中精力大力儲蓄。「100減去年齡」的投資法仍然適

管好你家的錢

做自己的家庭理財師

用,至少將40%的資金投在證券方面,60%的資金則投於有固定收益的投資標的。

到了65歲以上,多數投資者在這段期間會將大部分資金存在比較安全的固定收益投資標的上,只將少量的資金投在股票上,以抵禦通貨膨脹,保持資金的購買力。因此,可以將60%的資金投資債券或固定收益型基金,30%購買股票,10%投於銀行儲蓄或其他標的。

在投資過程中,不要盲目遵循傳統的投資觀念,最重要的是學會根據自己的實際情況制訂相應的計畫。

✓ 家庭生活一點通

在投資之前,大多數人都心存疑慮,克服這些障礙就要掌握大量的專業知識和資訊,多學習、多思考,用知識來充實自己。

強迫自己儲蓄

每個月至少保留收入的一成儲蓄起來,是個人理財最重要的原則。它不但關係到你的退休生活是否過得舒適、有尊嚴,而且也關係到你是否有足夠的金錢支付孩子的教育費用。

心不慌　手不抖

家事一本就上手

　　你或許會認為，在不能先扣下每個月固定要支付的帳務和其他開銷前，就先存下收入所得的10%是不實際的。但要想致富，就不能依賴「中彩券大獎」等想法，而應切實做到從每個月的薪資中預存一部分錢。

　　事實上，每個人都有「強迫儲蓄」的經驗，例如購買人壽保險或繳付房屋貸款，都含有強迫存錢的意義。想減少支出存點錢，而且還有餘錢付清每個月的固定帳務和其他消費，就必須遵循這個原則。

　　一旦做好預算並償還完需支付高利息的負債之後，你就可以開始儲蓄了。但也並不是一開始就非做到不可，還可以採取漸進的方式，先存下收入的5%，再逐漸增加。當你切實做到強迫自己儲蓄後，就能夠自動減少不必要的開支，調整消費結構。

　　無論你現在的生活水準如何，也無論將來是否會投資做生意，強迫儲蓄都是你成為有錢人的第一步。

✓ 家庭生活一點通

　　儲蓄要挑選正確的存款時間。利率相對較高的時候是存款的好時機，利率低的時候則應多選擇國債或中短期存款的投資方式。對於記性不好或去銀行不方便的用戶，還可以選擇銀行的預約轉帳業務，這樣就不用記著什麼時候該去銀行，存款會按照約定自動轉存。

管好你家的錢

做自己的家庭理財師

 買保險，沒有最好，只有最合適

購買保險最合適的年齡，是個無法回答的問題，因為任何人在任何年齡階段，意外事故、疾病發生以後，都需要經濟保障。這些保障可能來自你自己的收入，可能來自家庭，也可能來自社會保障，但很多時候這些都不足以抵禦風險，那麼就需要一份商業保險進行補充。

對於未成年人而言，其父母有充分的經濟能力應付任何情況下孩子的疾病、意外和教育金，那麼兒童保險可有可無；如果父母尚不具備這樣的能力，就應當考慮商業保險。

而對於未成年孩子的父母來說，作為家庭的經濟支柱，應當為自己構築充分的保障。需要為自己購買較高額的壽險、意外險和重大疾（傷）病險。這樣的話，萬一發生意外，可使孩子和家庭得到經濟保障。

對於工作不久、尚未結婚的年輕人，雖然負擔不重，也必須考慮父母日漸衰老，一旦遇到不測，父母最好能照顧好自己。所以需要一份高額的意外傷害保險，同時結合社保(健保或勞保)情況酌情購買醫療保險。

對於已經退休的老年人，在這個時候，保險顯得可有可無。由於這一階段各種保險的費率都很高，應該主要依靠自己早年累積的養老金和子女贍養。如果考慮到為子女減輕壓力，也可投一些保費不高的意外險等險種。

✓ 家庭生活一點通

消費者在購買保險時，最重要的是做到符合自己的保險需求、產品的保障範圍和支付保費能力三者的互相匹配。當這個核心要素滿足以後，可適當比較保險公司的服務水準、產品的價格和收益率等因素。只有這樣，才能買到最「適合」的保險。

房產投資，你想好了再做

據有關統計資料顯示，近年來，投資於房產的人越來越多，投資者的年齡段主要在35～65歲，他們中的許多人都是有家室的。

投資者在進行房產投資時要慎重，一般有下面的注意要點：

1. 注意估計自己的財力

著眼於長遠目標，預估自己的現有資金、可抵押財產，比如，

管好你家的錢
做自己的家庭理財師

要投資的房產是否會是退休後的經濟來源？

　　另外，預計將來會出現的情況，比如家裡有小孩子出生或失業，避免因投資房地產而使經濟過於窘迫。

2. 注意投資策略

有些房產易於出租，但是不會有太大的升值潛力，而另外一些房產恰好相反。因此，在決定投資以前，必須確定投資策略。

3. 注意估計所投房產的潛力

投資者應該估計所投資的房產將會為自己帶來何種收入，為此，可以研究一下房產過去的升值情況和潛在的出租前景。

4. 爭取最優價格

確定貸款，找到合適的貸款提供者與選擇房產一樣重要。隨著貸款利率的逐步放開，有些銀行貸款的投資利息比較高，而有些銀行的投資利息與別的利息一樣。有的銀行讓貸款人把整個貸款作為大的抵押。在競爭激烈的今天，投資者需貨比三家才能減少損失。

5. 尋求律師幫助

律師的參與也是投資者投資策略中不可缺少的一部分，有律師的幫助能保證合約的完整性以及一切可以接受的變動。

✓ 家庭生活一點通

專業的房產管理，可以讓投資者不必為租客問題煩

心不慌　手不抖

家事一本就上手

惱而集中精力於房產資料。如果投資者不想和房客打交道，那麼找代理就是最好的選擇，因為代理對最新的條例瞭若指掌，也更適合去與別人談判。

收藏也是一種投資

除了資本市場的投資以外，收藏古董、郵票等也都是很好的投資方式。自娛自樂之餘，只要慧眼獨具，注重觀察、收集，意想不到的財富或許就會從天而降。這類投資不僅風險小收益大，而且可以陶冶情操、修身養性，完全可以成為新的理財方式。

1. 要心態平衡，量力而行

投資收藏一定要做到循序漸進，想一步登天是不可能的，等有了相當的經驗和經濟基礎後，才可放大投資的步伐。一定要心態平衡，量力而行，切莫急於求成。

2. 要注重提高自己的文化修養

作為一名投資收藏者，要掌握的知識和技巧有很多，但如何鑑別藝術品的真偽、優劣、好壞、高下，絕不是一朝一夕的事情。對於一個各方面經驗都不是很足的初涉者，一定要多看、多學、多問。

3. 警惕跟風和炒作

一些投資者曾錯誤地認為收藏市場和股票、期貨市場一樣，必須炒作，不炒就沒行情，一些初涉收藏市場者往往經不起蠱惑，盲目投資，結果後悔莫及。

4. 瞭解藝術品收藏增值的要素

要成為一名小額投資收藏者，還必須瞭解藝術品收藏增值的幾大要素：

(1)看發行量、存世量。發行量大的品種，存世量不一定大。

(2)看需求量。供不應求的品種或市場熱點品種比較容易升值。

(3)要注意市場炒作度。有市場炒作一定升值快，但如果炒作過度就要慎而待之。

(4)看題材。熱門題材的收藏品較易升值。

(5)看種類。一些還未成為市場熱點卻相當有潛力的品種，它的增值可能性會比較大。

此外，藏品的年代是否久遠，是否美觀且具有觀賞性也很重要。進行小額投資的收藏品包括：書畫作品、陶器和瓷器、舊書籍等。

✓ 家庭生活一點通

如果你對書畫收藏很感興趣，不妨先學習鑑別書畫，然後再進行投資，這樣能減少投資風險。另

外，量力而行、購買真品、專一收集、資訊為先、適時出讓都是投資書畫收藏的技巧。

學會炒股賺大錢

如果投資者想在股市獲利，就應該充分學習一些相應的炒股知識，這樣才能使自己以最小的投入，獲取最大的回報。

以下就是近年來在股市中保持長期穩定，並且輕鬆獲利的成功投資者共同的股市運作經驗，你不妨參考一下。

1. 選股不在多而在精

現在的股票種類非常多，具有市場潛力和良好走勢的股票也非常多，但是如果想要同時抓住所有的機會，一定是抓不住的，只要選其中最有把握的股票，就能為自己準確快速出擊打下堅實的基礎。

2. 順應大勢

為了避免損失，應該在趨勢向好的方向發展時，積極操作；當趨勢惡化的時候，停止操作，即使選中了非常具有投資或投機價值的個股，也要學會忍耐著不去炒作。

3. 合理運用資金

一般來說，在做反彈操作時，可以動用1/4的資金；在做波段操作時，可以動用50%的資金。除非是行情在底部區域發生了根本性的逆轉，否則，要始終留出足夠的資金餘額。而且，隨著行情的逐漸上漲，還必須逐漸地分期分批地獲利賣出。在別人還在爭論行情的大小以及還會上漲的時候，及早將最豐厚的利潤落袋為安，這樣無論股市行情如何發展，都能遊刃有餘。

4. 靈活運用不同的操作方式

　　炒股時一定要根據自己的情況和股市的具體趨勢及時調整。比如替自己制定盈利目標的做法。在不同的行情中，這個目標是應該及時調整的，如果趨勢不穩定，那就賺個1%～2%就走，絕不能出現因為被盈利目標牽著鼻子走而陷入套牢的情況。

✓ 家庭生活一點通

　　投資是一種行為，難以擺脫「心理」影響。這些心理影響包括：

　　小心：不得草率。

　　信心：堅定自己的判斷。

　　耐心：耐心等待進場機會。

　　專心：潛心研究一、兩支股票。

　　平常心：對股市漲跌要保持平常心。

　　不可貪心：該收手時就收手。

樂活 18

聰明過日子之心不慌、手不抖、家事一本就上手

編　　著　許書蓉
出　版　者　大拓文化事業有限公司
執 行 編 輯　曾瑞玲
封 面 設 計　林鈺恆
內 文 排 版　姚恩涵

法 律 顧 問　方圓法律事務所　涂成樞律師

地　　址　22103 新北市汐止區大同路三段一九四號九樓之一
劃 撥 帳 號　18669219
總 經 銷　永續圖書有限公司
　　　　　　TEL（〇二）八六四七─三六六三
　　　　　　FAX（〇二）八六四七─三六六〇
　　　　　　E-mail　yungjiuh@ms45.hinet.net
　　　　　　網　址　www.foreverbooks.com.tw

出　版　日◇　二〇二二年十二月

大拓　Talent TooL　｜　永續圖書線上購物網　www.foreverbooks.com.tw

國家圖書館出版品預行編目資料

聰明過日子之心不慌、手不抖、家事一本就上手 /
許書蓉編著. -- 初版. -- 新北市：大拓文化事業有限公司,
民111.12　面；　公分. --（樂活；18）
ISBN 978-986-411-171-8(平裝)

1.CST: 家政

420　　　　　　　　　　　　　　111009571

雲端回函卡